新款棒针编织150例

谭阳春 主编

辽宁科学技术出版社

·沈阳·

本书编委会

主　编　谭阳春

编　委　王艳青　罗　超　李玉栋　贺梦瑶　王丽波

图书在版编目（CIP）数据

新款棒针编织150例/谭阳春主编. —沈阳：辽宁科
学技术出版社，2011.9
　　ISBN 978-7-5381-7024-5

　　I. ①新… II. ①谭… III. ①毛衣—编织—图集
IV. ①TS941.763-64

中国版本图书馆CIP数据核字（2011）第115946号

如有图书质量问题，请电话联系
湖南攀辰图书发行有限公司
地　　　址：长沙市车站北路236号芙蓉国土局B
　　　　　　栋1401室
邮　　　编：410000
网　　　址：www.penqen.cn
电　　　话：0731-82276692　82276693

出版发行：辽宁科学技术出版社
　　　　　　（地址：沈阳市和平区十一纬路29号　邮编：110003）
印　刷　者：湖南新华精品印务有限公司
经　销　者：各地新华书店
幅面尺寸：185 mm×210 mm
印　　张：9
字　　数：40千字
出版时间：2011年9月第1版
印刷时间：2011年9月第1次印刷
责任编辑：郭　莹　众　合
摄　　影：郭　力
封面设计：天闻·尚视文化
版式设计：天闻·尚视文化
责任校对：合　力

书　　　号：ISBN 978-7-5381-7024-5
定　　　价：24.80元
联系电话：024-23284376
邮购热线：024-23284502
淘宝商城：http://lkjcbs.tmall.com
E-mail：lnkjc@126.com
http://www.lnkj.com.cn
本书网址：www.lnkj.cn/uri.sh/7024

目录

红色开襟毛衣

做法：P073~P074

搭配指数
★★★★

红色的系扣开衫十分有型，硬朗的线条让身材看上去更加娇小。

浪漫翻领开衫

做法：P075~P076

适合体型：高挑体型，苗条体型。
适合场合：逛街，宴会，访友。

搭配指数
★★★★

开衫领子的设计别具新意，短装的款式不会显得臃肿，少了大衣正式的感觉，更轻松随意。搭配长裤，休闲逛街都可以，是一款超实用的百搭单品。

开襟毛衣

做法：P076~P078

适合体型：微胖体型，苗条体型。
适合场合：聚会，逛街。

搭配指数
★★★★

创意十足的开襟款式设计，不管搭配什么都显得时尚得体，无论是牛仔裤还是高腰裤都能搭出雍容华贵的效果。

时尚开襟毛衣

做法：P078~P080

适合体型：微胖体型，娇小体型。
适合场合：约会，郊游。

搭配指数
★★★★

特别的款式设计，搭配皮草的球形造型，清新甜美的效果跃然而生，搭配牛仔裤或个性裙装，可增添时尚感。

条纹大披肩 做法：P080~P081

适合体型：微胖体型，高挑体型。
适合场合：逛街，郊游。

搭配指数
★★★★

性感迷人的灰白条纹是永不过时的主题，夸张的蝙蝠袖能使你更具性感魅力，而整体灰色调，提升了女人味指数。

时尚毛球开衫

做法：P082~P083

适合体型：微胖体型，娇小体型。
适合场合：宴会，访友。

搭配指数
★★★★

灰色毛衣搭配时尚毛球领，V领的设计，在时尚气质上又添加知性成熟之美。

长款系扣毛衫

做法：P084~P085

适合体型：微胖体型，高挑体型。
适合场合：郊游，家居。

搭配指数
★★★★

精致的花纹，大方的系扣设计，彰显
优雅气质，搭配紧身长裤更能体现卓越品味。

动感褶皱开衫

做法：P086~P087

适合体型：苗条体型，高挑体型。
适合场合：郊游，逛街。

搭配指数
★★★★

复古宫廷式唯美毛衫，最为常见的荷叶边褶皱和胸前的褶皱让简单的毛衣生动了起来，既立体又唯美，搭配中长裤和贝雷帽，细致中透露着优雅，俏皮中不失纯真。

个性翻领开衫

做法：P088~P090

适合体型：微胖体型，高挑体型。
适合场合：约会，郊游，逛街。

搭配指数
★ ★ ★ ★

翻领的大开襟设计透着贵气，搭配皮草的感觉，毛绒绒的，更显可爱，下装可搭配简洁的长裤。

休闲翻领毛衫

做法：P091~P092

适合体型：苗条体型，娇小体型。
适合场合：家居，郊游。

搭配指数
⭐ ⭐ ⭐

淡雅的色调给人一种轻松的感觉，错综复杂的麻花股图案增添了趣味，适合搭配牛仔裤或其他长裤。

魅力敞怀衫

做法：P093~P094

适合体型：高挑体型，微胖体型。
适合场合：访友，约会。

搭配指数
★ ★ ★ ★

宽松的长款开襟衫，厚实保暖，款式宽松漂亮，衣领处延伸出来，像围巾一样的设计。这款宽松的毛衣还可以内搭有厚度的衬衣。

长款开襟毛衫

做法：P095~P096

适合体型：高挑体型，微胖体型。
适合场合：访友，约会。

搭配指数
★ ★ ★ ★

宽松舒适的开襟衫，线条简洁却能勾勒出苗条曲线，至膝盖的长度穿起来也很方便。搭配紧身长裤，更有魅力。

系带开襟毛衫

做法：P097~P098

适合体型：高挑体型，微胖体型。
适合场合：逛街，郊游。

搭配指数
★ ★ ★ ★

宽大的领口露出锁骨，十分性感，毛绒绒的皮草风格给人很温暖的舒适感，里面搭配灰色T恤必定风味十足。

翻领开襟毛衫

做法：P099~P100

适合体型：高挑体型，苗条体型。
适合场合：居家，郊游。

搭配指数
★★★★

领口的条纹衬托出甜美感觉，花枝图案十分俏皮可爱，是休闲和甜美的完美结合。搭配平底鞋感觉一定十分舒适。

温馨系扣毛衫

做法：P101~P102

适合体型：高挑体型，苗条体型。
适合场合：逛街，郊游。

搭配指数
★★★★

皮草领毛衣搭配紧身长裤，清新不做作，是甜美与休闲的混搭，无论是搭配平底的圆头鞋还是高跟鞋，都会使你成为一道亮丽的风景线。

碎花系扣开衫

做法：P103~P104

适合体型：高挑体型，苗条体型。
适合场合：逛街，郊游，访友。

搭配指数
★ ★ ★ ★

简练的翻领毛衣，大量彩色碎花图案加以点缀，使简单的样式看起来清新自然，如果再搭配一条紧身裤，秀出修长美腿，时尚感立刻提升。

深色皮草开衫

做法：P105~P106

适合体型：高挑体型，苗条体型。
适合场合：上班，约会。

搭配指数
★ ★ ★ ★

成熟OL风格的黑色毛衣搭配毛皮翻领，展现成熟女人的优雅气质，想要品位升级，可以穿上一双过膝高筒靴，既显气质又不失时尚感。

风情系带开衫

做法：P107~P108

适合体型：高挑体型，苗条体型。
适合场合：约会，郊游，居家。

搭配指数
★ ★ ★ ★

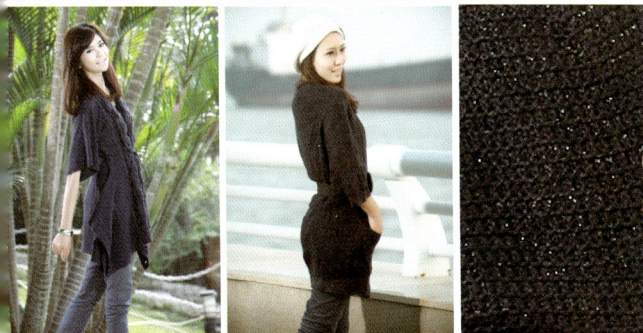

深色带皮草的V领，很温暖的感觉，搭配一条紧身牛仔裤是不错的选择，如果再系上一条宽大腰带，则会让你的优雅指数提升。

白色毛领开衫

做法：P109~P110

适合体型：娇小体型，苗条体型。
适合场合：约会，郊游。

搭配指数
★★★★

白色的毛衣给人优雅恬静的感觉，翻领的设计打造甜美小脸蛋。无袖设计让淡淡的女人味立刻弥漫开来，是约会的不错装扮。

淑女开襟毛衫

做法：P111~P112

适合体型：高挑体型，苗条体型。
适合场合：居家，运动，逛街。

搭配指数
★ ★ ★

小翻领的短装加上拉链的设计，使款式看起来轻巧又有活力。上班可以穿，逛街也可以穿，是绝对实用款。

优雅立领装　做法：P113~P114

第二章

Ling Kou

领口

搭配指数
★★★★

整体设计采用了时下非常流行的棒针织法，领口和袖口的拼接非常自然，同时长版的设计也能起到修饰身材的作用。

短款高领装

做法：P115~P116

适合体型：苗条体型，微胖体型。
适合场合：居家，郊游。

搭配指数
★ ★ ★ ★

领口的设计十分别致，袖口上的个性设计很吸引人。麻花股的图案装饰为毛衣增色不少，配上一条闪亮的毛衣链更是锦上添花。

条纹高领装

做法：P117~P118

适合体型：高挑体型，苗条体型。
适合场合：约会，逛街，上班。

搭配指数
★★★★

长款的条纹相间毛衣，甜美可爱，高领的OL风范十足，搭配一条浅灰色的底裤，你就是集气质与高贵于一体的宠儿了。

长款高领装

做法：P119~P120

适合体型：高挑体型，苗条体型。
适合场合：约会，逛街，访友。

搭配指数
★★★★

整款毛衣看起来十分轻巧，小巧裙摆更能体现女性的魅力，竖条花纹的点缀让你的形象更加乖巧可爱，配个小项链就更完美了！

休闲翻领装　　做法：P121~P122

适合体型：苗条体型，微胖体型。
适合场合：居家，郊游。

搭配指数
★★★★

这款毛衣是不可多得的气质款，蓝色表达出主人的娴静与优雅，给人以亲切感，是一款百搭的单品。

秀美立领装

做法：P123~P125

适合体型：高挑体型，苗条体型。
适合场合：居家，访友，上班。

搭配指数
★ ★ ★ ★

选择高领衫，太过繁琐会显得臃肿，而简洁的单层或双层高领，在脖颈处留有一定空间的同时给人文静轻松的感觉。

毛毛儿翻领装

做法：P126~P127

适合体型：高挑体型，微胖体型。
适合场合：逛街，约会。

搭配指数
★★★★

领

口

030

温馨的黄颜色，加上毛毛儿的装饰，让温暖一直沁入人心里，加上绒布花纹的点缀，让你不潮都不行。

雅致高领毛衣

做法：P128~P129

适合体型：高挑体型，娇小体型。
适合场合：上班，郊游。

搭配指数
★★★★

这款高领毛衫款式十分休闲，特别的针法织出了不一样的美感，如果配上一条项链会更抢眼。

妩媚高领装 做法：P130~P131

适合体型：苗条体型，高挑体型。
适合场合：逛街，上班。

搭配指数
★ ★ ★ ★

淡淡的蓝色高领毛衣，妩媚性感，紧身的设计将女性的曲线美完美展现，搭配高跟鞋能把女人味发挥到极致！

甜美长袖毛衣

做法：P132~P133

适合体型：苗条体型，微胖体型。
适合场合：居家，郊游。

搭配指数
⭐⭐⭐⭐

紧身长袖毛衣是一款休闲实用的日常便装，带有弹性的针法图案非常贴身，任何体型的女士都会因为它舒适大方的设计而爱上它！

雪花垂坠领装

适合体型：苗条体型，微胖体型。
适合场合：居家，访友，上班。

搭配指数
★ ★ ★ ★

舒适的毛衣，在冬季里带给你柔软的质感。衣身由麻花般图案装点，给整件毛衣增添了流行元素，是一款大气时尚的毛衣。

修身长款毛衣

做法：P136~P137

适合体型：苗条体型，高挑体型。
适合场合：居家，郊游，逛街。

搭配指数
★ ★ ★ ★

///// 灰色紧身长款棒针毛衣，简约性感。下身搭配长裤（或是料子裤）都是不错的选择。

035

翻领修身毛衣

做法：P138~P139

适合体型：苗条体型，娇小体型。
适合场合：居家，郊游，逛街。

搭配指数
★★★★

白色的麻花股图案，清新可爱，系
扣翻领设计，简约大气，如果配上一顶白色的
帽子，会更有青春动人的感觉！

气质V领毛衣 做法：P140~P141

适合体型：高挑体型，微胖体型，娇小体型。
适合场合：逛街，约会，访友。

搭配指数
⭐⭐⭐⭐

皮草搭配齐腰裤，会令穿着者拥有迷人的婉约气质，温暖又不失时尚感觉。豹纹皮草贵气十足，如果配上一个时尚包包，无论走到哪里都会成为焦点！

简约高领毛衣

做法：P142~P144

适合体型：高挑体型，娇小体型。
适合场合：居家，运动，访友。

别致漂亮的花边是此款高领毛衣的亮点，花型的凸起变化把整件衣服的独特个性勾勒出来，同时横条纹装饰出低调的华美感。

搭配指数
★★★★

麻花色高领装

做法：P145~P146

适合体型：高挑体型，微胖体型。
适合场合：居家，运动，访友。

搭配指数
★★★★

简单大方的高领毛衣，运用通过渐变晕染的效果诠释魅力，是个不错的选择！适合搭配挂饰。

时尚交叉领装

做法：P147~P148

适合体型：高挑体型，微胖体型。
适合场合：上班，访友。

搭配指数
★★★★☆

灰色与棕色搭配的麻花图案使毛衣很有冬天的感觉，高领的设计相当保暖，搭配复古的高筒靴，低调又不会沉闷。

领
口
040

创意翻领毛衣

做法：P149~P150

适合体型：苗条体型，微胖体型。
适合场合：逛街，访友。

搭配指数
★ ★ ★ ★

独特的大翻领设计很能吸引目光，别样的花纹纹路弥补了衣服颜色的单调，如果搭配个性肩包会增色不少！

041

单排扣连帽装

做法：P151~P152

适合体型：高挑体型，苗条体型，微胖体型。
适合场合：约会，逛街。

搭配指数
★★★★

充满优雅风情的款式，系扣的设计
穿起来很有少女味道，这样洋溢着秋冬风情的
毛衣会让人过目不忘，厚重的颜色使这款毛衣
多了几分沉稳！

系带连帽毛衣

做法：P153~P154

适合体型：高挑体型，微胖体型。
适合场合：约会，逛街。

搭配指数
★★★★

也许有人会觉得厚重的毛衣本来就体积"庞大"，个子小的女生穿起来会显得头重脚轻。系带的设计化解了这一"尴尬"，毛皮领让熟女在冬日里展现出活力的气息。

魅力翻领毛衣

做法：P155~P156

适合体型：高挑体型，苗条体型。
适合场合：约会，逛街。

搭配指数
★★★★

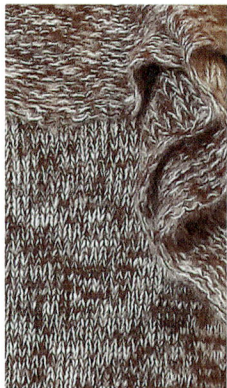

大翻领的长袖毛衣，颇具心思的条纹细节设计和艺术气息浓郁的麻花色更能营造冬天的浪漫氛围，如果穿上褶皱长靴即刻令人散发迷人光彩。

麻花纹翻领装

做法：P157~P158

适合体型：高挑体型，微胖体型。
适合场合：居家，郊游。

搭配指数
★ ★ ★ ★

麻花纹在冬日里总是耀眼的，大翻领的款式看起来更大气，搭配一条紧身牛仔裤是个不错的选择。

长款垂坠领装

做法：P159~P160

适合体型：高挑体型，苗条体型。
适合场合：居家，郊游。

搭配指数
★ ★ ★ ★

简约大气的款式，在收获美丽的同时，也收获了更多的视线。垂坠领的造型让人沉醉，明星般的光辉从这里点燃，白色印花的设计，打破黑色的沉闷，带给你独特的美和享受。

紧身V领毛衣

做法：P161~P162

适合体型：高挑体型，微胖体型。
适合场合：居家，郊游。

搭配指数
⭐⭐⭐⭐

黑色紧身毛衣，透着一股神秘的性感魅力，配上一顶毛线帽子，既保暖又时尚。

长款圆领毛衣

做法：P163~P164

适合体型：高挑体型，苗条体型。
适合场合：逛街，约会。

搭配指数
★★★★

口袋独特的条纹与袖口、领口呼应，十分时尚，适合搭配牛仔或其他紧身裤。

连帽翻领毛衣

做法：P165~P166

适合体型：高挑体型，苗条体型。
适合场合：上班，逛街。

搭配指数
⭐⭐⭐⭐

帽子的豹纹透着性感，V领的设计使你
性感女人味十足，搭配挂饰会更有味道！

红色束腰长袖衫

做法：P167~P168

搭配指数

★★★★

艳丽的红色给人活力和热情的感觉，束腰的设计则更好地展现出女性的曲线美。

修身短袖长款装

做法：P169~P170

适合体型：高挑体型，苗条体型。
适合场合：逛街，郊游，访友。

搭配指数
⭐⭐⭐⭐

▰▰▰ 充满诱惑的紫红色调，让你在寒冷的冬
日里别有一番风情。

紫色短袖毛衫

做法：P170~P171

适合体型：高挑体型，微胖体型。
适合场合：逛街，郊游，约会。

搭配指数
⭐⭐⭐⭐

充满浪漫气息的紫色，搭配时尚的高领，让身着短袖的你周身都散发出迷人的气息。

条纹束腰长衫

做法：P172~P173

适合体型：高挑体型，苗条体型。
适合场合：逛街，郊游，访友。

搭配指数
★ ★ ★ ★

长款束腰毛衣，穿上后尽显婀娜身姿，
横条纹带来的视觉冲击，让人印象深刻。

可爱淑女长袖衫

做法：P174~P176

适合体型：娇小体型，苗条体型。
适合场合：居家，郊游，约会。

搭配指数
★★★★

袖
型
054

十分休闲的款式设计，抢眼的装饰花纹，打造出一个斯文恬静、可爱的淑女形象。

竖纹长袖毛衣

做法：P177~P178

适合体型：丰满体型，微胖体型，高挑体型。
适合场合：求职，开会，访友。

搭配指数
★★★★

在冬日季节里，一件温暖柔软的长毛衣会让你觉得非常贴心，紧凑有致的扣子装饰，是这款毛衣的亮点。

雅致长袖毛衫

做法：P179~P180

适合体型：高挑体型，微胖体型。
适合场合：求职，访友，开会。

搭配指数
★★★★

细腻的针织、较为修身的款式设计突显女性身材，蓝色系跟绿色系能使你显得青春、活泼。

柔美长袖衫 做法：P181~P182

适合体型：高挑体型，苗条体型，丰满体型。
适合场合：逛街，访友，居家。

搭配指数
★★★★

无论是大气的开襟设计，还是带围巾的V领都突显女性的柔美气质，搭配黑色紧身裤、长靴会让你在人群中更加出众。

灰色系带长袖衫

做法：P183~P185

适合体型：微胖体型，高挑体型。
适合场合：居家，访友。

搭配指数
★★★★

这是一款休闲风格的开襟毛衣，宽松的衣型适合居家生活，系带的设计使整体看起来又不会太随意。

袖型

058

时尚长袖衫

做法：P186~P187

适合体型：微胖体型，娇小体型。
适合场合：居家，访友。

搭配指数
★★★★

修身的长衫，纽扣的特别点缀，充满温暖气质，凸起的褶皱带来强烈的视觉冲击，保暖和时尚兼备，让你爱上这个不再寒冷的冬天。

大气翻领短袖衫

做法：P188~P189

适合体型：微胖体型，高挑体型。
适合场合：宴会，逛街。

搭配指数
★ ★ ★ ★

绒毛的翻领舒适保暖，修身的款式勾勒出完美身型，搭配棕色或是黑色长靴，时尚大方。

白色甜美长袖衫

做法：P190~P192

适合体型：苗条体型，高挑体型。
适合场合：宴会，访友。

搭配指数
★★★★

纯色系的毛衣贵在颜色与款式，简洁的花样、修身的剪裁，让你化身甜美系女生，瞬间就能吸引住他的视线。

系扣连帽长袖衫

做法：P193~P194

适合体型：微胖体型，高挑体型。
适合场合：郊游，访友。

搭配指数
★ ★ ★ ★

▰▰▰/// 白色碎花点缀浅褐色毛衣，柔和不突
兀，大颗圆形扣子看起来十分和谐、统一。

麻花长袖毛衫

做法：P195~P196

适合体型：苗条体型，高挑体型。
适合场合：居家，郊游。

全衣布满麻花纹饱满而不凌乱，黑白格子的设计突出了重点，款式休闲、简约，给人一种雅致的感觉。

灰色长袖毛衫

做法：P197~P199

适合体型：微胖体型，高挑体型。
适合场合：宴会，访友。

搭配指数
★★★★

永恒不败的经典长版剪裁，加上双排扣的设计，大气之余更显熟女的低调奢华，毛线的保暖特质，配上漂亮的灰色系，在冬天里一样能感受到时髦的气息。

麻花系带短袖装

做法：P200~P201

适合体型：苗条体型，高挑体型。
适合场合：宴会，逛街。

搭配指数
★ ★ ★ ★

非常有个性的衣领设计，粗棒针的
花纹图案，大方、可爱，搭配一条灰色长裤，
你也可以具有明星范儿！

魅力修身长袖衫

做法：P202~P203

适合体型：苗条体型，高挑体型。
适合场合：居家，郊游。

搭配指数
★★★★

简约的款式设计突显女性的温婉，几何型印花个性时髦，修身的长款毛衫秀出完美身材。

毛毛中袖毛衣 做法：P204~P205

适合体型：微胖体型，高挑体型。
适合场合：宴会，逛街。

做法：P204~P205

搭配指数
★ ★ ★ ★

温暖的毛毛款式既可爱又保暖，蝙蝠款式时尚大气，让你贵气逼人。

宽松中袖蝙蝠装

做法：P206~P207

适合体型：微胖体型，高挑体型。
适合场合：郊游，访友。

搭配指数
★★★★

宽松舒适的蝙蝠款型加上开襟的设计，休闲大方，又有时尚气质。双排扣的装点，十分抢眼。

活力蝙蝠衫

做法：P208~P209

适合体型：微胖体型，高挑体型。
适合场合：逛街，宴会。

搭配指数
⭐⭐⭐⭐

毛衣绒绒的感觉复古又可爱，它的保暖
指数与时尚指数都非常高。

系扣中袖长装

做法：P209~P212

适合体型：苗条体型，高挑体型。
适合场合：逛街，访友。

搭配指数
★★★★

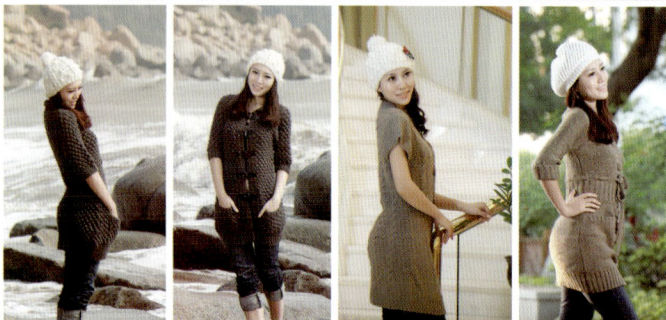

独特的粗棒针花纹，厚重的修身款式，
开襟的设计，都给人温暖、舒适的感觉。

恬静休闲长袖装

做法：P212~P213

适合体型：娇小体型，高挑体型。
适合场合：宴会，访友。

搭配指数
★★★★

个性时尚的毛皮与竖条纹的结合，层次
感十足，V领设计性感魅惑，尽显熟女风情。

简约系扣长袖装

做法：P214~P215

做法：P214~P215

适合体型：苗条体型，高挑体型。
适合场合：居家，访友。

搭配指数
★★★★

淡雅的色彩给人轻松的感觉，可爱的圆形扣子打破了毛衣的厚重感，彰显年轻活力。

制作图解

红色开襟毛衣

【成品尺寸】衣长63cm　胸围100cm　肩宽38cm　袖长62cm

【工具】4mm棒针

【材料】红灰色粗羊毛线

【密度】10cm²：15针×20行

【附件】纽扣2枚　黑色皮草若干

【制作方法】1.后片：起75针编织花样，织至57cm长，按后片编织图减针成袖窿，织至73cm长，按编织图减针成后领口，衣长75cm。

2.前片：起30针按花样编织，织至57cm长按前片编织图减针成袖窿，织62cm长按编织图减针成前领口，前片织两片。袖口起42针织花样，织46cm长，按编织图减针成袖山。

3.缝合前、后片及袖片，在衣领口处挑100针按帽子编织图织帽子，在帽沿处缝黑色皮草作装饰，钉2枚纽扣，完成。

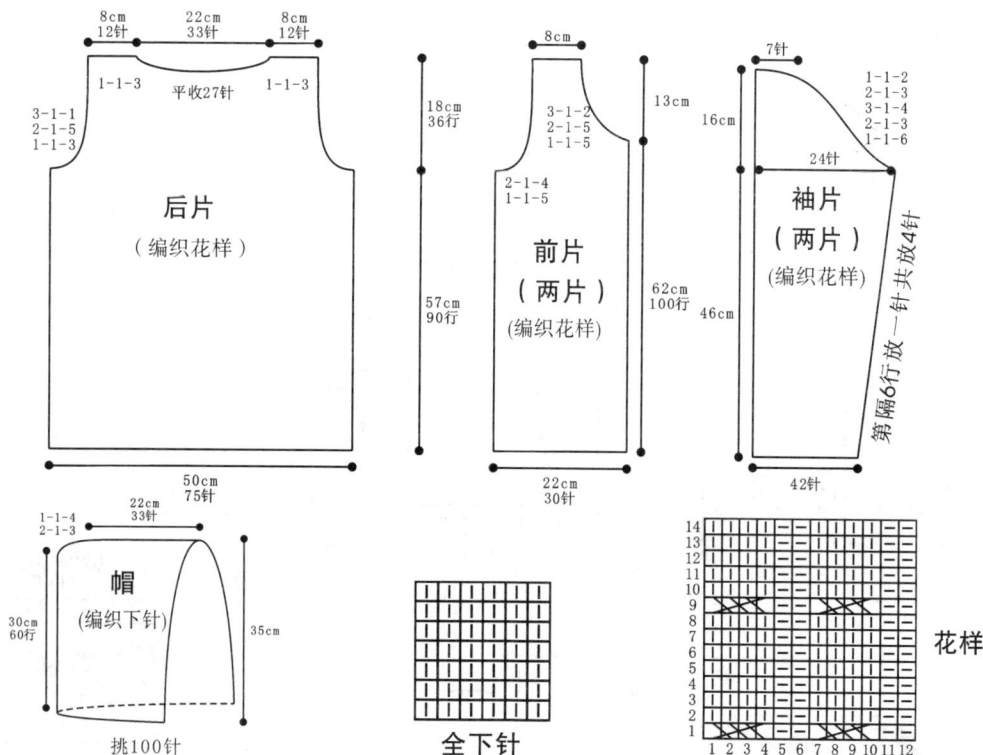

后片（编织花样）

8cm 12针　22cm 33针　8cm 12针

1-1-3　平收27针　1-1-3

3-1-1
2-1-5
1-1-3

57cm 90行

50cm 75针

前片（两片）（编织花样）

8cm

18cm 36行

3-1-2
2-1-5
1-1-5

2-1-4
1-1-5

13cm

62cm 100行

22cm 30针

袖片（两片）（编织花样）

7针

1-1-2
2-1-3
1-1-3
2-1-3
1-1-6

16cm

24针

46cm

第隔6行放一针　共放4针

42针

帽（编织下针）

1-1-4
2-1-3

22cm 33针

30cm 60行

35cm

挑100针

全下针

花样

14 13 12 11 10 9 8 7 6 5 4 3 2 1

1 2 3 4 5 6 7 8 9 10 11 12

【成品尺寸】胸围97cm　肩宽37cm　裙长82cm　袖长58cm

【工具】2.25mm棒针

【材料】橘色毛线600g

【密度】10cm²：20针×30行

【制作方法】1.后片：起96针编织花样，织36cm后改织双罗纹针，再织14cm后改织反针，织14cm后开始如图所示收袖窿，在离衣长3cm时收后领。

2.前片：起48针编织花样，注意门襟处织4针单罗纹，织36cm后改织双罗纹并如图所示收前领，织15cm双罗纹后改织反针，继续织15cm后开始收袖窿。编织两片。

3.袖片：起64针编织花样，如图所示边织边收袖口15cm后改织双罗纹针并开始加针，编织10cm后改编织反针，编至21cm开始收袖山，编织两片。

4.缝合：将前、后片与袖片进行缝合。

5.衣摆：起194针编织花样14cm，然后缝在腰身双罗纹与花样连接处。

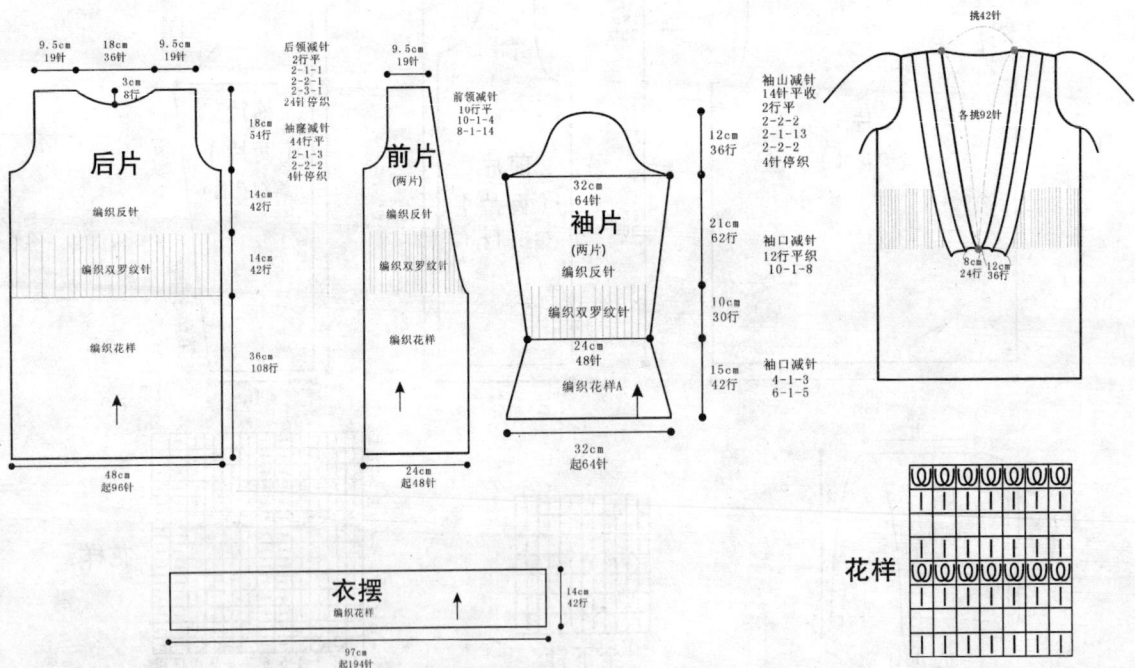

后片

9.5cm 19针　18cm 36针　9.5cm 19针
3cm 8针
后领减针
2行平
2-1-1
2-2-1
2-3-1
24针停织
18cm 54行
袖窿减针
44行平
2-1-3
2-2-2
4针停织
编织反针
14cm 42行
编织双罗纹针
14cm 42行
编织花样
36cm 108行
48cm 起96针

前片（两片）

9.5cm 19针
前领减针
10行平
10-1-4
8-1-14
编织反针
编织双罗纹针
编织花样
24cm 起48针

袖片（两片）

32cm 64针
编织反针
编织双罗纹针
24cm 48针
编织花样A
32cm 起64针

12cm 36行
袖山减针
14行平收
2行平
2-2-2
2-1-13
2-2-2
4针停织
21cm 62行
袖口减针
12行平织
10-1-8
10cm 30行
15cm 42行
袖口减针
4-1-3
6-1-5

挑42针
袖山减针
各挑92针
8cm 24针　12cm 36针

衣摆
编织花样
14cm 42行
97cm 起194针

花样

浪漫翻领开衫

【成品尺寸】 衣长80cm　胸围96cm　肩宽40cm　袖长60cm

【工具】 5mm棒针

【密度】 $10cm^2$：11针×18行

【材料】 粉红色粗羊毛线

【制作方法】 1.起41针照衣身编织花样，织128cm长，再按编织图在AB处挑52针织下针，按2行减1针的减针法减成肩，肩宽40cm。

　　2.缝合边CD和边EF边，缝合：袖起24针。

　　3.织下针，照袖片编织图编织成袖片，将袖片缝合，完成。

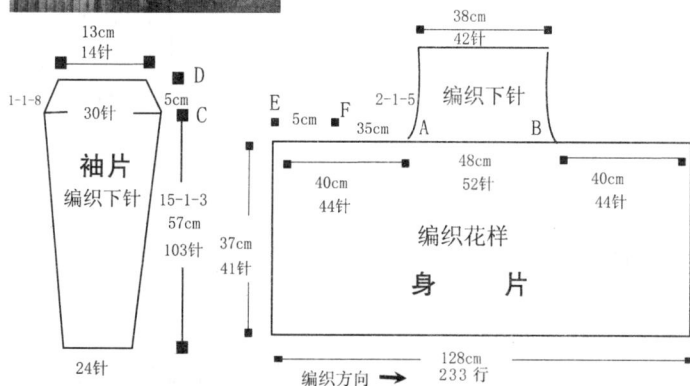

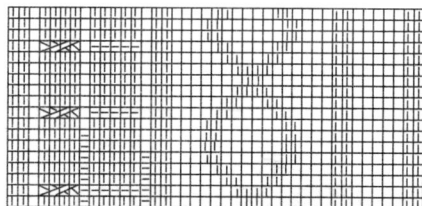

13cm
14针

1-1-8
30针

D

5cm

C

袖片
编织下针

15-1-3
57cm
103针

24针

38cm
42针

编织下针

E　5cm　F

2-1-5

A　35cm　B

48cm
52针

40cm
44针

40cm
44针

编织花样

身　片

37cm
41针

编织方向 →

128cm
233行

衣身花样

日=□=下针

【成品尺寸】披肩长65cm

【工具】4mm棒针

【材料】枣红色羊毛绒线

【密度】$10cm^2$：15针×20行

【制作方法】披肩起60针，织12cm单罗纹针后改织假元宝针100cm再织12cm单罗纹针，收针。如图示在E—F处挑75针按编织方向编织假元宝针25cm长，收针，将CD和cd缝合，AB和ab缝合；单独起20针，按口袋编织图织口袋，将口袋缝合，完成。

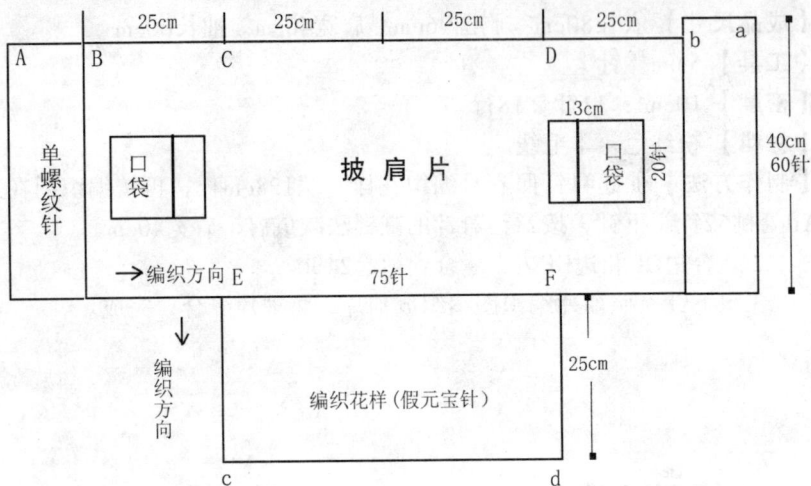

25cm　25cm　25cm　25cm

A　B　C　D　b　a

单螺纹针

口袋　披 肩 片　13cm　口袋　40针

→编织方向 E　75针　F

↓

编织方向

40cm 60针

25cm

编织花样（假元宝针）

c　d

A–B和a–b缝合
C–D和c–d缝合

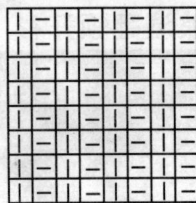

单罗纹针

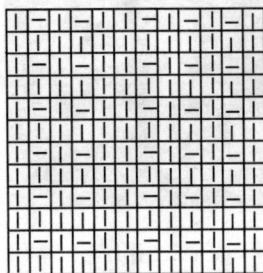

假元宝针

开襟毛衣

【成品尺寸】衣长50cm

【工具】5mm棒针

【材料】深灰色混纺毛线500g

【密度】$10cm^2$：18针×24行

【制作方法】1.后片：起90针，编织花样，并如图示加针，加至196针后平织10cm。

2.门襟和领：起12针，编织单罗纹针108cm。

3.整理：将织好的长条沿着门襟、后领一圈缝好，最后将花样针法中的圈圈剪断，理顺即可。

花样针法

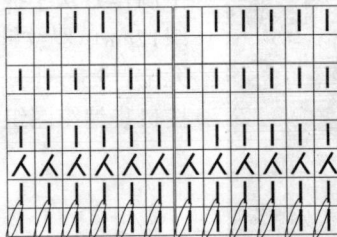

```
45cm          18cm          45cm
82针          32针          82针
```

前片   前片

后片

编织花样

```
                                    10cm
                                    24行

                                    35cm    加针
                                    84行    2行平织
                                            2-1-29
                                            2-2-12
```

```
50cm
90针
```

门襟+领   编织单罗纹针   6cm
                                          12针

```
108cm
260行
```

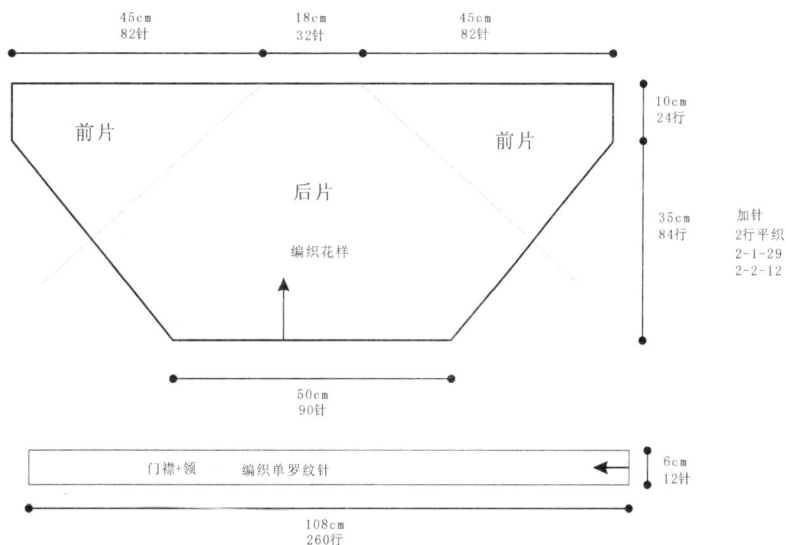

【成品尺寸】胸围86cm　肩宽36cm　衣长60cm　袖长58cm

【工具】4号棒针

【材料】暗红色毛线800g　彩色棉线500g

【密度】内10cm²：36针×50行　外10cm²：20针×30行

【附件】纽扣7枚

【制作方法】1.内前片(左右两片)：按普通起针法起72针，下针编织42cm后按前袖窿减针及前领减针织出内前片，门襟处挑172针，单罗纹编织1cm后收针，在指定位置缝上扣洞，对称织另一片，在门襟相应位置钉上纽扣。

　　2.内后片：按普通起针法起154针，下针编织42cm后按后袖窿减针及后领减针织出袖窿和后领。

　　3.内袖片(两片)：按普通起针法起82针，按袖下加针下针编织45cm后按袖山减针织出袖山。

4.内身片整理：内身片肩部，腋下缝合；装袖。

5.外前片(左右两片)：起80针，按花样及领袖加减针织出前片，相同织出另一片。

6.外后片：起84针，按花样及袖窿加减针织出后片。

7.外袖片(两片)：起90针，按花样及袖山加减针织出袖片，按相同方式织出另一片。

8.外身片整理：前片和后片肩部，腋下缝合；装袖。

9.外身片和内身片在延伸针处缝合。

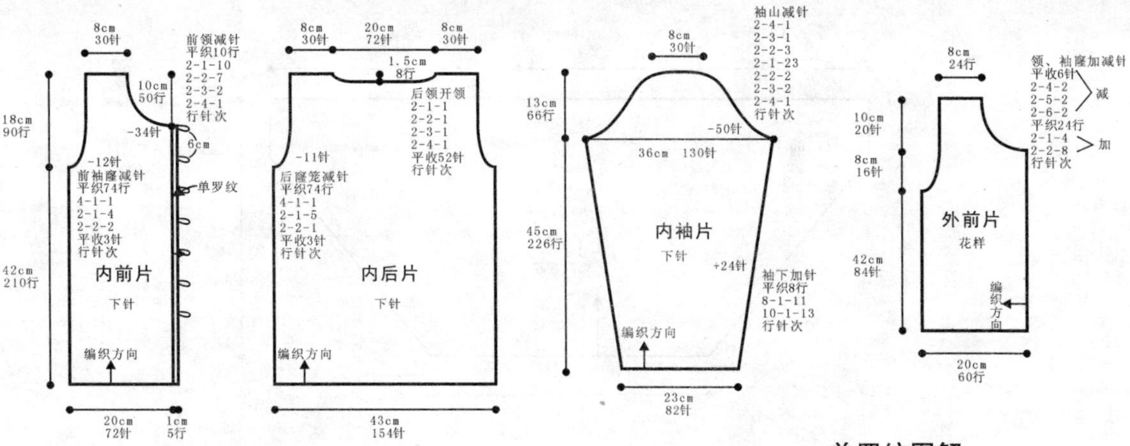

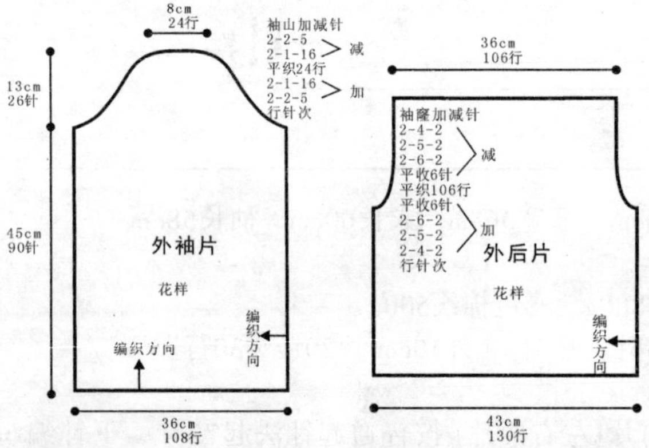

内前片
下针
编织方向

8cm 30针
前领减针 平织10行
2-1-10
2-2-7
2-4-1 行针次
10cm 50行
-34针
6cm
单罗纹
-12针
前袖窿减针 平织74行
4-1-1
2-1-4
2-2-2 平收3针 行针次
18cm 90行
42cm 210行
20cm 72针
1cm 5行

内后片
下针
编织方向

8cm 30针
20cm 72针
8cm 30针
1.5cm 8行
后领开领
2-1-1
2-2-1
2-3-1
2-4-1 行针次
-11针
后袖笼减针 平织74行
4-1-1
2-1-5
2-2-1 平收3针 行针次
平收52针 行针次
43cm 154针

内袖片
下针
编织方向

袖山减针
2-4-1
2-3-1
2-2-3
2-1-23
2-2-2
2-2-1
2-4-1 行针次
8cm 30针
36cm 130针
-50针
袖下加针8针
8-1-11
10-1-13 行针次
+24针
13cm 66行
45cm 226行
23cm 82针

外前片
花样
编织方向

8cm 24行
领、袖窿加减针 平收6行
2-4-2
2-5-2 减
平织24行
2-6-2
2-1-4
2-2-8 行针次 加
10cm 20行
8cm 16行
42cm 84针
20cm 60行

外袖片
花样
编织方向

8cm 24行
袖山加减针
2-2-5
2-1-16 减
平织24行
2-1-16 加
2-2-5 行针次
13cm 26针
45cm 90针
36cm 108行

外后片
花样
编织方向

36cm 106行
袖窿加减针
2-4-2
2-5-2
2-6-2 减
平收6针
平织106行
平收6针
2-6-2
2-5-2
2-4-2 行针次 加
43cm 130行

单罗纹图解

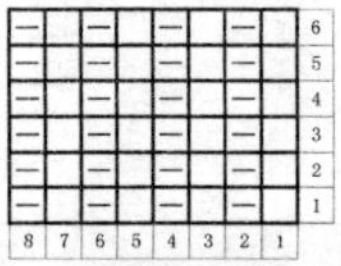

花样

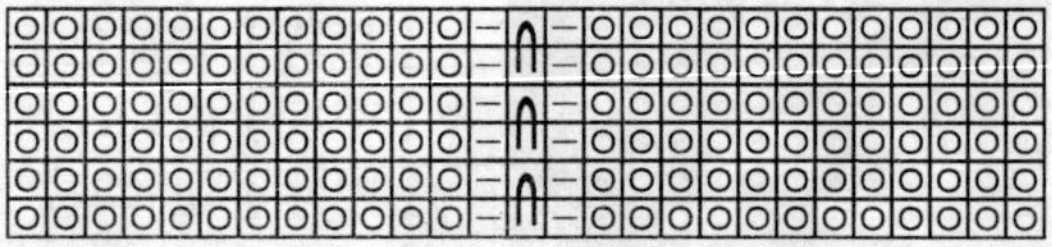

时尚开襟毛衣

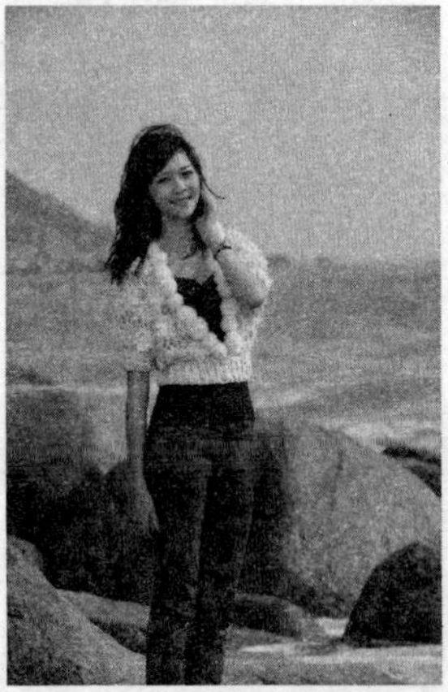

【成品尺寸】胸围86cm　肩宽36cm　衣长44cm

【工具】7号棒针　3mm钩针

【材料】米色线250g　白色线80g

【密度】10cm²：15针×20行

【附件】圆形纽扣2枚　毛料若干

【制作方法】1.身片：钩34个单元花，如图由圆心起6针，锁针，圈钩织，钩完一个钩第二个时与第一个单元花拼接，拼接如图。身片腋下缝合，为两个单元花长度，即18cm。

2.下摆：双罗纹针起138针，扭针双罗纹针编织8cm后收针，织第三行开扣眼，开两个扣眼。

3.袖边：双罗纹针起54针，扭针双罗纹针编织4cm后收针。

4.包扣：起4针锁针，钩12针长针后放入纽扣拉紧线头固定。

5.收尾：下摆与身片缝合；袖边和袖口缝合；在相应位置钉上纽扣；在门襟和领处缝上毛料。

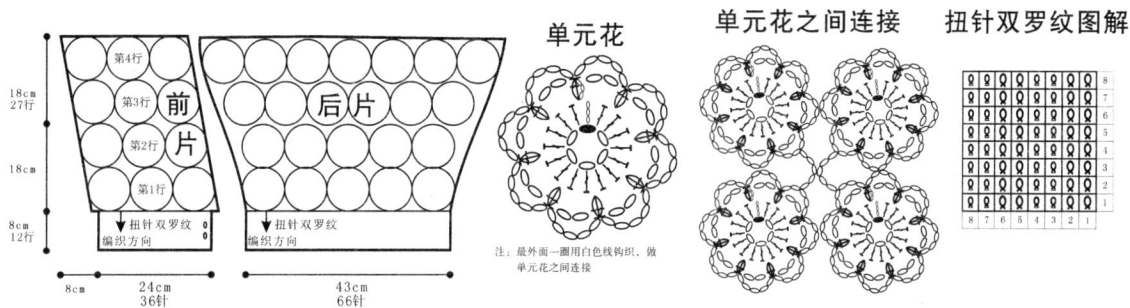

单元花

单元花之间连接

扭针双罗纹图解

第4行
第3行
前片
第2行
第1行

后片

18cm
27行

18cm

8cm
12行

↓扭针双罗纹
编织方向

↓扭针双罗纹
编织方向

8cm
24cm
36针

43cm
66针

注：最外面一圈用白色线钩织，做
单元花之间连接

【**成品尺寸**】胸围86cm　肩宽36cm　衣长50cm

【**工具**】5号棒针　3mm钩针

【**材料**】粉色线600g

【**密度**】10cm² ：20针×30行

【**附件**】毛料若干

【**制作方法**】1.前片：锁针起36针，用钩针按图解钩织身片，在相同方向钩织另一片前片。

　　2.后片：类似于前片，不同为锁针起84针，两边都要加针。

　　3.整理：前片和后片肩部，腋下缝合。

　　4.门襟领：在门襟前领和后领处用钩针按门襟领花样钩织。

　　5.下摆双罗纹处：前片和后片共挑156针，双罗纹针编织15cm后用双罗纹针收针。

7.袖边：用钩针袖边按袖口花样钩织，用相同方法钩织另一只袖口。

8.收尾：在领处缝上毛料，在图解所标数字行缝制上毛料。

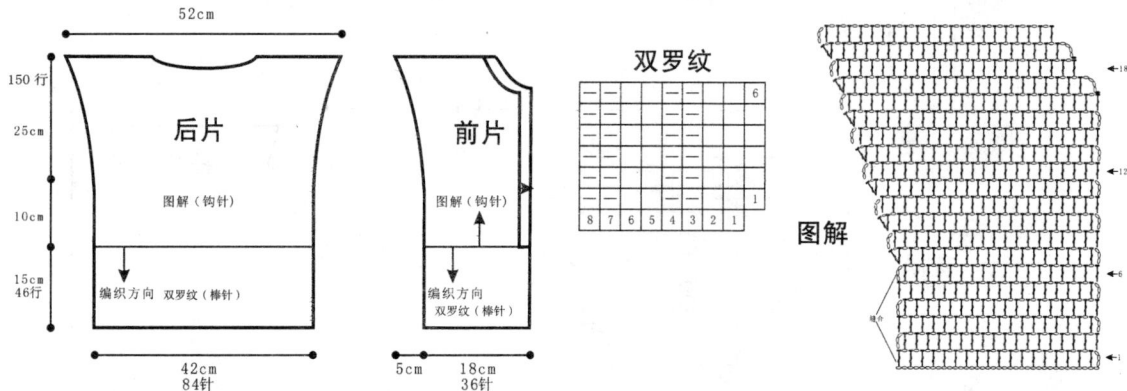

52cm

150行

25cm

后片

图解（钩针）

10cm

15cm
46行

编织方向　双罗纹（棒针）

42cm
84针

前片

图解（钩针）

编织方向
双罗纹（棒针）

5cm　18cm
36针

双罗纹

图解

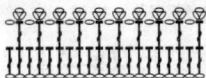 门襟领花样 　　　　　袖口花样

条纹大披肩

【成品尺寸】胸围93cm　衣长65cm　袖长53cm

【工具】14号棒针

【材料】浅灰色细毛线300g　深灰色细毛线200g　黑色细毛线100g

【密度】$10cm^2$：37针×43行

【制作方法】1.前、后片：起240针，按4针下针4针上针的顺序交替由左门襟向右门襟横织。织35cm后留袖窿，平收48针，左侧平织26行，右侧每2行减3针，共减4次，再每2行减2针，共减一次，平织2行，再每2行加2针加2次，每2行加3针加4次，再平起48针，和左侧接上。

　　2.袖片：从袖口开始织，袖口起80针，织单罗纹针，织15cm，按每4针加1针加20次，加至100针，织花样，腋下两侧同时按每6行加1针加5次，再每8行加1针加10次，织26cm后按图织袖山。

3.缝合：将织好的前片、后片、袖片进行缝合。

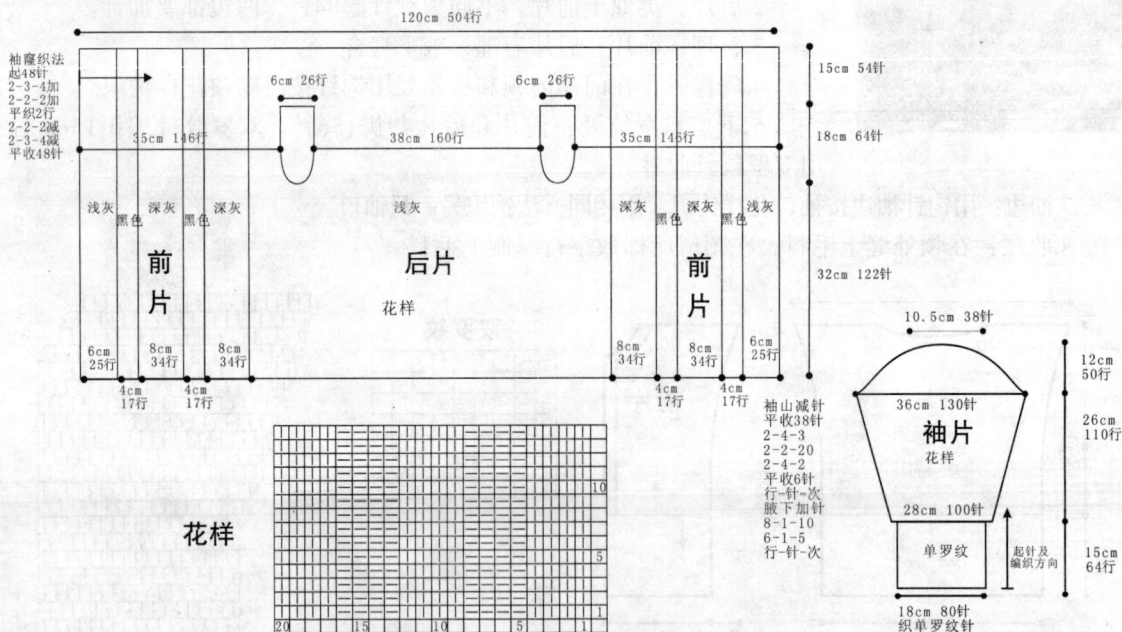

【成品尺寸】衣长64cm　袖长20cm

【工具】　2.5mm棒针　2.75mm棒针

【材料】白色毛线250g　浅灰毛线350g

【密度】花样A10cm²：36针×36行　花样B10cm²：36针×36行

【制作方法】1.用2.5mm棒针、浅灰毛线起140针，织花样A，如图换线，织44cm后，在距离衣边12cm的位置平收28针留做袖洞，袖洞为18cm，而后织62cm后留另一袖洞，直至将整片织完。

　　2.用2.75mm棒针、浅灰毛线起36针，织花样B，织186cm，共织两片。

　　3.将花样A与花样B按图进行缝合。

　　4.在两个袖洞处分别用2.75mm棒针、浅灰毛线挑108针圈织花样B，织20cm后收针即可。

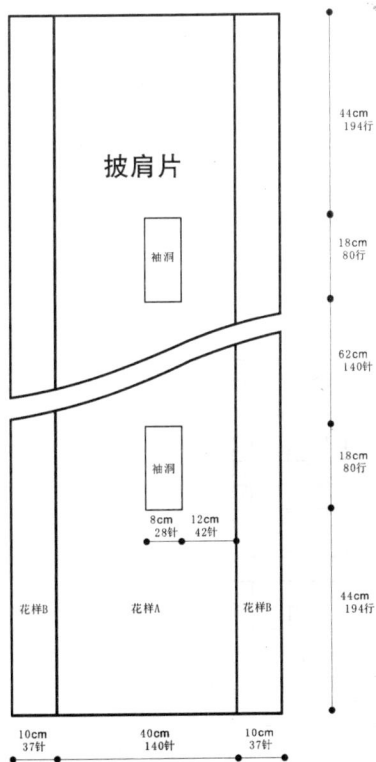

披肩片

44cm
194行

18cm
80行

62cm
140针

18cm
80行

44cm
194行

袖洞

袖洞

8cm
28针

12cm
42针

10cm
37针

40cm
140针

10cm
37针

花样B　花样A　花样B

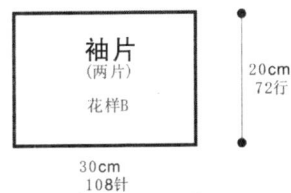

袖片
（两片）
花样B

20cm
72行

30cm
108针

花样B

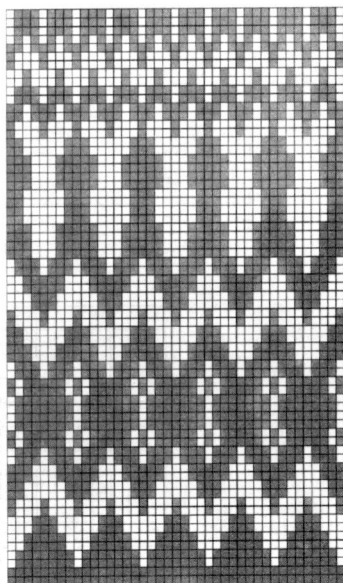

花样A

时尚毛球开衫

【成品尺寸】衣长50cm

【工具】4mm棒针

【材料】淡蓝色粗羊毛线

【密度】10cm²：15针×20行

【附件】球形皮草围巾1条　装饰带1条

【制作方法】起32针，按花样编织，织142cm长收针。然后将AB与ab，CD与cd缝合成背心，将AF与fa缝合，DF与ed缝合。在领与前衣襟处缝上球形皮草围巾装饰。再穿1条装饰带，完成。

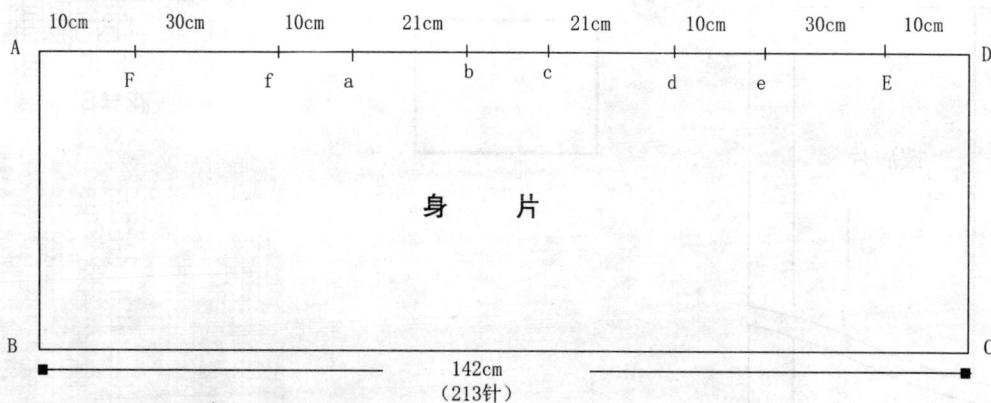

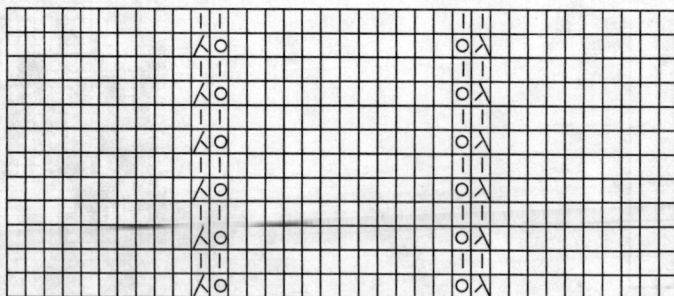

| 10cm | 30cm | 10cm | 21cm | 21cm | 10cm | 30cm | 10cm |

A　　F　　f　a　　b　c　　d　e　　E　　D

身　片

B　　　　　　　　　　　　　　　　　　　　C

142cm
（213针）

花样

【成品尺寸】胸围92cm　肩宽38cm　衣长62cm　袖长52cm

【工具】2.5mm棒针

【材料】灰色中粗线750g

【密度】10cm² 24针×30行

【附件】拉链1条　毛条1根　纽扣4枚

【制作方法】1.后片：起110针，先编织2cm单罗纹针，然后改织反针40cm后收袖窿，织17cm后收后领。

2.前片：起58针，先编织2cm单罗纹针，然后改织反针，织40cm后收前领和袖窿，编织两片。

3.袖片：起76针，编织平针，织26cm后改织双罗纹针，织6cm后再改回平针，织8cm后收袖山，编织两片。然后再起52针编织单罗纹针12cm，编织两片，对折后与袖口连接，连接时注意袖片均匀打褶。

4.帽子：起16针，编织反针并如图示进行加针，帽顶如图减针，编织34cm，编织两片。

5.口袋：起40针编织反针10cm，然后再改织单罗纹针，注意均匀打褶，织4cm后结束，折成两折，缝合，编织两片。

6.缝合：先将前片、后片和袖片缝合，再上好帽子，安装拉链，装拉链时将门襟侧折回4针，做门襟，然后再在前片适合的位置缝好口袋，缝合时注意袋底打褶。最后将毛条缝在帽檐和领口上，并钉好纽扣。

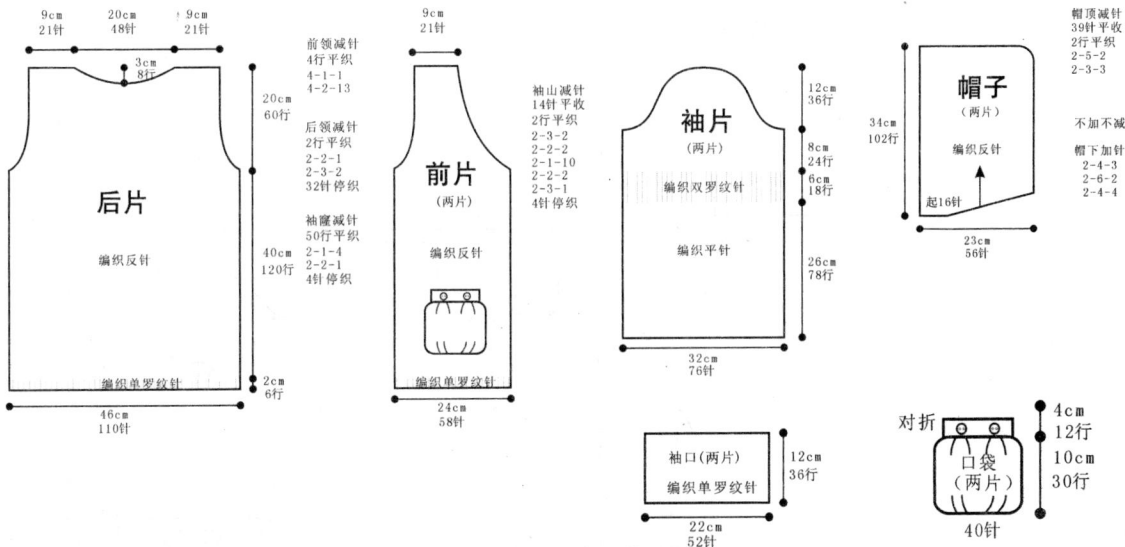

后片

9cm 21针　20cm 48针　9cm 21针

3cm 8行

前领减针 4行平织 4-1-1 4-2-13

20cm 60行

后领减针 2行平织 2-2-1 2-3-2 32针停织

编织反针

40cm 120行

袖窿减针 50行平织 2-1-4 2-2-1 4针停织

编织单罗纹针

2cm 6行

46cm 110针

前片（两片）

9cm 21针

编织反针

编织单罗纹针

24cm 58针

袖片（两片）

12cm 36行

袖山减针 14针平收 2行平织 2-3-2 2-2-2 2-1-10 2-2-2 2-3-1 4针停织

8cm 24行

6cm 18行

编织双罗纹针

编织平针

26cm 78行

32cm 76针

袖口（两片）

编织单罗纹针

12cm 36行

22cm 52针

帽子（两片）

帽顶减针 39针平收 2行平织 2-5-2 2-3-3

34cm 102行

编织反针

起16针

不加不减

帽下加针 2-4-3 2-6-2 2-4-4

23cm 56针

口袋（两片）

对折

编织反针

4cm 12行

10cm 30行

40针

083

长款系扣毛衫

【成品尺寸】胸围84cm　衣长80cm　袖长48cm

【工具】10号棒针

【材料】灰色中粗毛线1000g

【密度】$10cm^2$：29针×33行

【制作方法】1.单片前片下部分和上部分都是起52针，针数不变，后片上部分及下部分也都是起118针。腰部分横织起17行织花样B，袖窿领窝按图解留出。

　　2.袖口起64针，腋下每6行两边各加1针，加17次，平织4行，织袖山。

　　3.将衣片缝合，挑门襟每4行挑3针，织单罗纹，织5cm收针。

　　4.在领口挑150针织单罗纹，织4cm，收针，用毛领装饰领口。

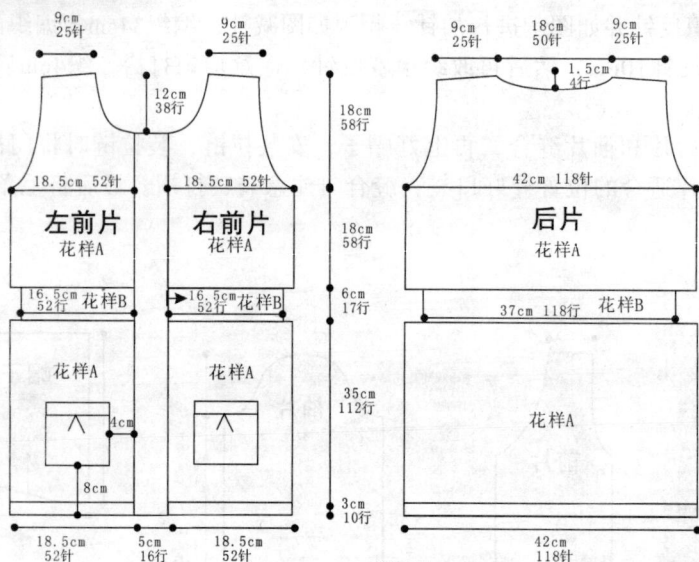

前袖窿减针
46行平
2-1-3
2-2-1
2-4-1
行-针-次

前领减针
20行平
2-1-4
2-2-3
2-3-1
2-5-1
行-针-次

9cm 25针

12cm 38行

18.5cm 52针　18.5cm 52针

左前片 花样A　右前片 花样A

16.5cm 52行 花样B　16.5cm 52行 花样B

花样A　花样A

4cm

8cm

18.5cm 52针　5cm 16行　18.5cm 52针

18cm 58行
18cm 58行
6cm 17行
35cm 112行
3cm 10行

后袖窿减针
46行平
2-1-3
2-2-1
2-4-1
行-针-次

后领减针
2-2-2
行-针-次
32行停织

9cm 25针　18cm 50针　9cm 25针

1.5cm 4行

42cm 118针

后片 花样A

37cm 118行 花样B

花样A

42cm 118针

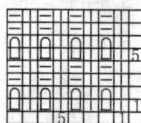

花样A

花样B

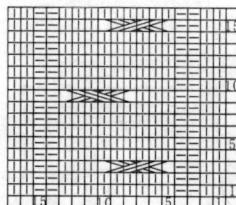

挑150针
织单罗纹

4cm 12行

5cm 16行

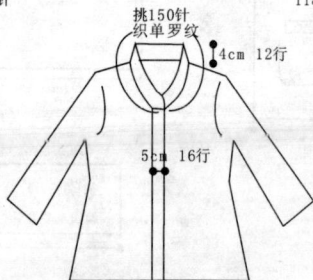

6cm 12针

35cm 98针

11cm 36行

袖山减针
平收12针
2-2-12
平收5针
行-针-次
腋下加针
4行平
6-1-17
行-针-次

袖片
织下针

33cm 106行

22cm 64针

单罗纹

20cm 64针

4cm 12行

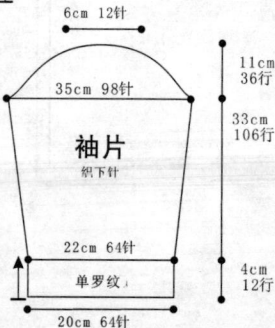

【成品尺寸】衣长70cm　胸围96cm　肩宽38cm　袖长62cm

【工具】5mm棒针

【材料】灰色粗羊毛线

【密度】10cm²：11针×18行

【制作方法】1.后片：起54针织双罗纹50cm长。按图示收针成袖窿，织68cm收针成后领口，后片收腰每织10行收1针，共收6针，再每织5行放1针，共放6针。

2.前片：起30针腰部每15行放1针共放4针，再每8行放1针共放4针，织32cm时21针织双罗纹，织3cm长收针成衣袋口，回针时在此处加20针，继续往上编织，织50cm长后按前片编织图减针成袖窿和领口。袖口起15针，平织35行后每10行放1针，共放4针。织37cm后按编织图减针成袖山，缝合前、后片及袖片；在领口处再挑30针织领子，领宽10cm收针；在衣袋处挑24针，往下织12cm作衣内袋片用，缝合，完成。

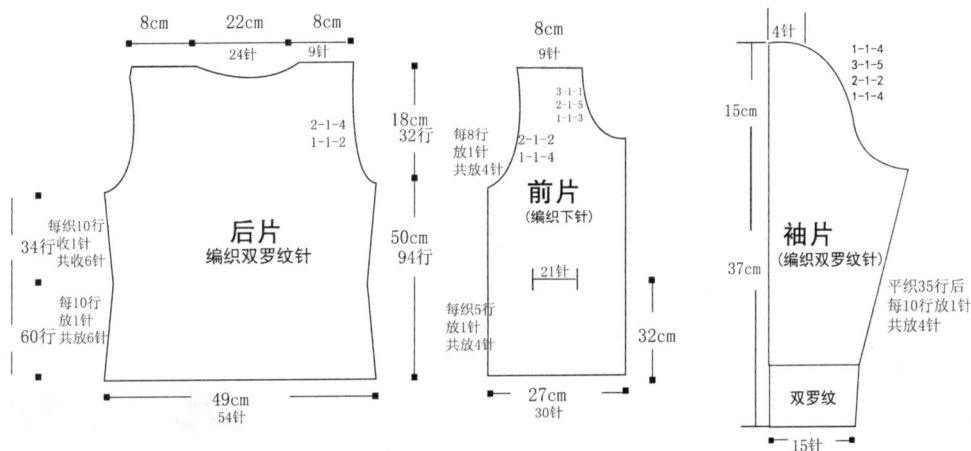

后片
编织双罗纹针

8cm　22cm　8cm
24针　　9针

2-1-4
1-1-2

18cm
32行

50cm
94行

每织10行
34行收1针
共收6针

每10行
放1针
60行 共放6针

49cm
54针

前片
（编织下针）

8cm
9针

3-1-1
2-1-5
1-1-3

2-1-2
1-1-4

18cm
32行

每8行
放1针
共放4针

21针

每织5行
放1针
共放4针

27cm
30针

32cm

袖片
（编织双罗纹针）

4针

1-1-4
3-1-5
2-1-2
1-1-4

15cm

37cm

平织35行后
每10行放1针
共放4针

双罗纹

15针

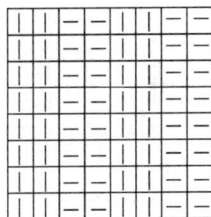

双罗纹针

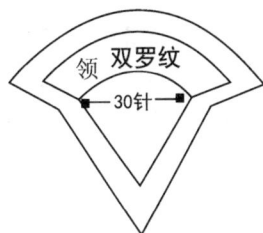

领　双罗纹

30针

动感褶皱开衫

【成品尺寸】胸围88cm　衣长51cm　袖长21cm

【工具】14号棒针

【材料】浅灰色细毛线400g

【密度】10cm²：36针×44行

【制作方法】1.起针200针，左右两侧每行加2针，加9次，同时按图提示编织相应花型，然后平织52行，左右两侧每2行减2针，减9次平收，将织好的衣片对折，将斜线部分缝合，每两针挑3针织边。

2.两边分别挑袖各挑76针，织12cm收针。

3.织衣身单罗纹的位子时最好加莱卡丝，增加5处的弹性。

对折后此处缝合　　　　　　　　　　　　　　　　对折后此处缝合

减针方法
2-2-9减

单罗纹
花样

4cm　18行

21cm
76针

单罗纹
袖

单罗纹
花样　　　43cm　188行　　12cm　52行　　单罗纹
衣身　　　　　　　　　　　袖　　　沿此线对折

2cm　8行

起针及
编织方向

单罗纹
花样
单罗纹

加针方法
2-2-9加

12cm

4cm　18行

起针及
编织方向

5cm　18针　　　　　56cm　200针　　　　5cm　18针

8cm　36行

挑600针
织花样

花样

【成品尺寸】胸围98cm　肩宽38cm　衣长82cm　袖长58cm

【工具】5mm棒针

【材料】进口兔毛混纺毛线1000g

【密度】10cm²：20针×26行

【制作方法】1.后片：起98针从下往上织，编织3cm单罗纹后开始织平针，织59cm后如图所示收袖窿，在离衣长3cm时收后领，后片完成。

2.前片：起48针从下往上织，编织3cm单罗纹后开始织平针，织57cm后如图所示收前领，再编织2cm后开始收袖窿。编织两片。

3.袖片：起48针，编织平针并如图示加针，织36cm后开始收袖山，然后从袖口挑起48针，从下往上编织并如图示加针，织15cm后收针，再从刚才挑针的地方继续挑出48针，如图示加针，编织10cm锁链针，编织袖口饰片两片。

4.门襟：起40针编织单元宝针，织96cm后收针。编织两片。

5.缝合：前后片侧缝、肩缝缝合后上袖子。门襟两片先对接，然后安装在前片和领边上。

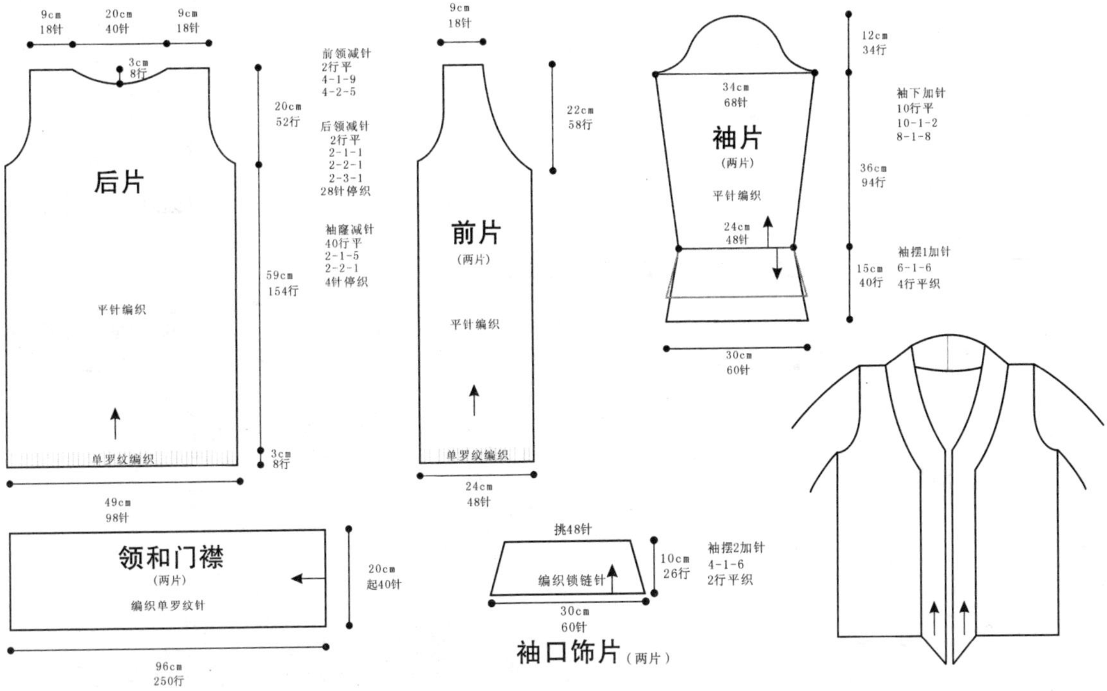

后片

9cm 18针　20cm 40针　9cm 18针

3cm 8行

20cm 52行

前领减针
2行平
4-1-9
4-2-5

后领减针
2行平
2-1-1
2-2-1
2-3-1
28针停织

袖窿减针
40行平
2-1-5
2-2-1
4针停织

59cm 154行

平针编织

3cm 8行

单罗纹编织

49cm 98针

前片（两片）

9cm 18针

22cm 58行

平针编织

单罗纹编织

24cm 48针

袖片（两片）

12cm 34行

34cm 68针

袖下加针
10行平
10-1-2
8-1-8

36cm 94行

平针编织

袖摆1加针
6-1-6
4行平织

24cm 48针

15cm 40行

30cm 60针

领和门襟（两片）

编织单罗纹针

20cm 起40针

96cm 250行

袖口饰片（两片）

挑48针

编织锁链针

袖摆2加针
4-1-6
2行平织

10cm 26行

30cm 60针

个性翻领开衫

【成品尺寸】胸围84cm　衣长84m　袖长48cm

【工具】8号棒针

【材料】灰色绒线1000g

【密度】$10cm^2$：15针×20行

【制作方法】1.单片用8号棒针前片起16针，后片起84针，前片门襟部分每4行加1针，织萝卜丝针，加够24cm后平织5cm，后片织下针，平织，织到相应位子分别留出袖窿、领窝。

　　2.袖口起52针，织单罗纹，织6cm后，织下针，然后腋下每8行两边各加1针，加9次，织袖山。

　　3.将衣片缝合，挑门襟和领以及下摆，每4行挑3针，横的位子每针挑1针，织单罗纹，织够10cm除领口部分其他部分停织，然后每两行停织4针，再织16行，最后一并收针。

前袖窿减针
34行平
2-1-2
2-2-2
行-针-次

前领减针
10行平
4-1-10
行-针-次

门襟下部分加针
4-1-14

8cm 16针

8cm 16针

左前片
织花样

16cm 32针

25cm 50行

5cm 10行

右前片
织花样

16cm 32针

24cm 56行

50cm 116行

8cm 16针

8cm 16针

8cm 16针

20cm 40针

8cm 16针

18cm 42行

2cm 4行

后袖窿减针
34行平
2-1-2
2-2-2

后领减针
2-2-2
32针停织

42cm 84针

后片
织下针

42cm 84针

花样

∪=萝卜丝针

6cm 12针

35cm 70针

10cm 24行

袖山减针
平收12针
2-2-12
平收5针
行-针-次
腋下加针
2行平
8-1-9
行-针-次

袖片
织下针

32cm 74行

26cm 52针

单罗纹

6cm 14行

24cm 52针

18cm 40行

将整个衣服的边一起挑针
每2行挑3针，织够10cm其
他部分停织，领每2行停织
4针，再织16行，最后一起
收针。

单罗纹

17cm 24行

【成品尺寸】胸围90cm　衣长80cm　袖长55cm

【工具】8号棒针

【材料】白色珍珠线1000g

【密度】10cm²：20针×20行

【制作方法】1.单片用8号棒针，前片起19针，后片起90针，织下针，前片门襟部分每4行加1针，后平织10cm，再留前领窝。腰线下每16行减1针腰线上每6行加1针，织到相应位子分别留出袖窿。后片按图解留出腰线、袖窿以及后领窝。

2.袖口起48针，腋下每6行两边各加1针，加11次，平织6行，织袖山。

3.将衣片缝合，挑门襟和领以及下摆，每2行挑3针，横的位子每针挑1针，织萝卜丝针，织3cm，袖口也同样挑针织3cm高的萝卜丝针。

4.在领口再挑140针织单罗纹，织8cm，收针。

前袖窿减针
34行平
2-1-2
2-2-2
行-针-次

前领减针
4行平
4-1-9
2-1-5
行-针-次

腰线上加针
4行平
8-1-4
行-针-次
腰线下减针
4行平
12-1 7

门襟下
部分加针
4-1-22

9cm
18针

9cm
18针

25cm
50行

5cm
10行

44cm
88行

10cm 19针

左前片
织下针

17cm 34针

右前片
织下针

17cm 34针

44cm
88行

10cm 19针

18cm
36行

18cm
36行

44cm
88行

9cm
18针

18cm
36针

9cm
18针

2cm
4行

42cm 84针

后片
织下针

38cm 76针

45cm 90针

后袖窿减针
34行平
2-2-2
2-2-2
行-针-次

后领减针
2-2-2
行-针-次
32行停织

腰线上加针
4行平
8-1-4
行-针-次
腰线下减针
4行平
12-1-7

6cm 12针

11cm
24行

35cm 70针

袖山减针
平收12针
2-2-12
平收5针
腋下加针
6行平
6-1-11
行-针-次

袖片
织下针

34cm
72行

24cm 48针

花样　⊔=萝卜丝针

另挑140针织单罗纹，
织8cm

挑边织花样

3cm 6行

3cm 6行

3cm 6行

挑边织花样

【成品尺寸】胸围82cm　衣长68cm　袖长48cm

【工具】8号棒针　1.5mm钩针

【材料】灰色绒线800g

【密度】$10cm^2$：20针×23行

【制作方法】1.衣身前片分A、B两部分编织，A部分从下向上起33针编织，门襟部分每10行加1针加12次，改织下针，B部分从领口向下织，先起1针，每4行门襟方向加1针，织花样，后片起90针。前、后片均按图留出腰线。

　　2.袖片起80针织花样28cm，每4针收1针，再织下针，腋下按图加针。

　　3.将衣片各部分缝合，领口挑103针织花样，织10cm收针。领口和门襟钩花边。

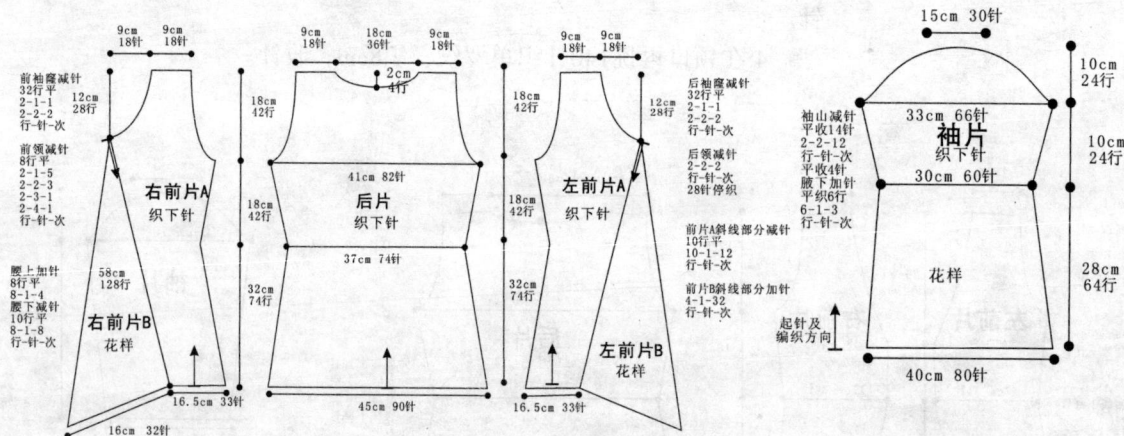

前袖窿减针
32行平
2-1-1
2-2-2
1行-针-次

前领减针
8针平
2-1-1
2-2-3
2-3-1
2-4-1
1行-针-次

腰上加针
8行平
8-1-4
腰下减针
10行平
8-1-8
1行-针-次

9cm 18针　9cm 18针

12cm 28行

右前片A
织下针

58cm 128行

右前片B
花样

16.5cm 33针

16cm 32针

9cm 18针　18cm 36针　9cm 18针

18cm 42行

2cm 4行

41cm 82针

后片
织下针

37cm 74针

18cm 42行

18cm 42行

32cm 74行

45cm 90针

9cm 18针　9cm 18针

18cm 42行

左前片A
织下针

18cm 42行

32cm 74行

左前片B
花样

16.5cm 33针

后袖窿减针
32行平
2-1-1
2-2-2
1行-针-次

后领减针
2-2-2
2行平
1行-针-次

前片A斜线部分减针
10行平
10-1-12
1行-针-次

前片B斜线部分加针
4-1-32
1行-针-次

起针及
编织方向

15cm 30针

10cm 24行

33cm 66针

袖片
织下针

30cm 60针

10cm 24行

袖山减针
平收14针
2-2-12
1行-针-次
平收4针
腋下加针6行
6-1-3
1行-针-次

花样

28cm 64行

40cm 80针

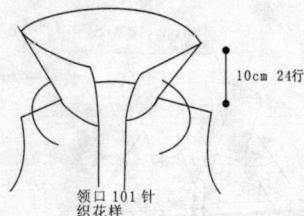

10cm 24行

领口101针
织花样

门襟及领口的花边

花样

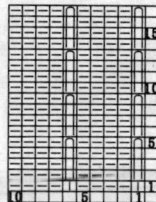

休闲翻领毛衫

【成品尺寸】胸围84cm　衣长48cm　袖长44cm

【工具】6号棒针

【材料】灰色粗毛线600g

【密度】10cm²：15针×20行

【制作方法】1.单片用6号棒针，前片起15针，织花样，每2行加1针加至23针，后片起54针，织上针。按图解留出相应的袖窿、领窝。

2.袖口起30针，织单罗纹，腋下每6行加1针加5次，织够相应的尺寸按图留出袖山。

3.将衣片和衣袖缝合，起8针6cm宽织门襟和下摆，按门襟和下摆的总长织完后缝合。

4.在领口挑针，包括2个门襟各8针共挑66针，织10cm收针。

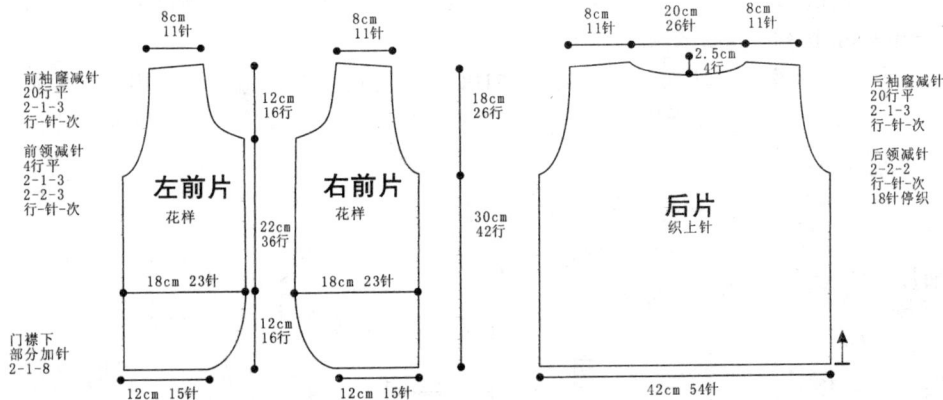

左前片
花样

右前片
花样

后片
织上针

前袖窿减针
20行平
2-1-3
行-针-次

前领减针
4行平
2-1-3
2-2-3
行-针-次

门襟下
部分加针
2-1-8

8cm 11针
12cm 16行
18cm 23针
12cm 16行
12cm 15针

8cm 11针
18cm 23针
12cm 15针

12cm 16行
22cm 36行
12cm 16行

18cm 26行
30cm 42行

8cm 11针　20cm 26针　8cm 11针
2.5cm 4行

后袖窿减针
20行平
2-1-3
行-针-次

后领减针
2-2-2
行-针-次
18针停织

42cm 54针

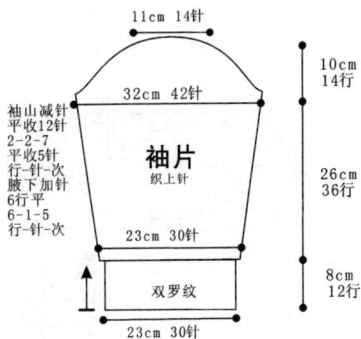

袖片
织上针

双罗纹

11cm 14针
32cm 42针
23cm 30针
23cm 30针

10cm 14行
26cm 36行
8cm 12行

袖山减针
平收12针
2-2-7
平收5针
行-针-次
腋下加针
6行平
6-1-3
行-针-次

领口及衣边织法

花样

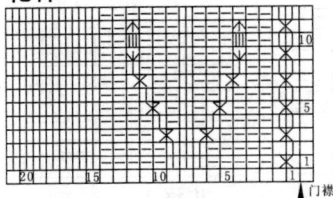

门襟

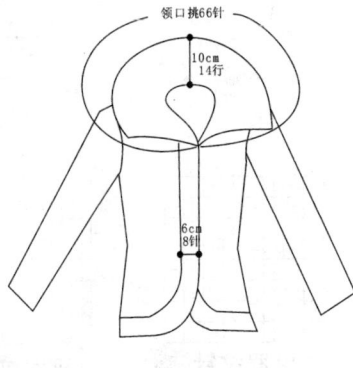

领口挑66针
10cm 14行
6cm 8针

【成品尺寸】衣长50cm　胸围96cm　肩宽38cm　连袖50cm

【工具】4mm棒针

【材料】灰蓝色中粗羊毛线

【密度】10cm² : 15针×20行

【附件】暗扣6枚

【制作方法】1.后片：起72针织8cm长双罗纹针，然后改织花样A12cm长，再织6cm长单罗纹。最后织花样B，衣片织32cm长按编织图两侧每2行减1针，减至33针。

2.前片：起39针，织8cm长双罗纹针，然后改织花样A12cm长，再织6cm长单罗纹，最后织花样B，衣片织32cm长按编织图连袖一起每2行减1针，领侧每3行减1针，减6针，减至1针。

3.袖片：起50针，织8cm长双罗纹针，然后改织花样A12cm长，每织2行两侧各减1针，共减10针，再织6cm长单罗纹，最后织花样B，两侧每织7行放1针，共放6针，织袖长至37cm按袖片编织图减针成插肩。

4.缝合：前、后片及袖片从衣襟处挑针，共100针，按衣领编织图减针，用单罗纹针织领，领宽15cm。最后从前右片衣脚处开始挑针，经过领，到前衣左片衣脚至，织1.5cm宽的双层下针，收针，钉上暗扣，完成。

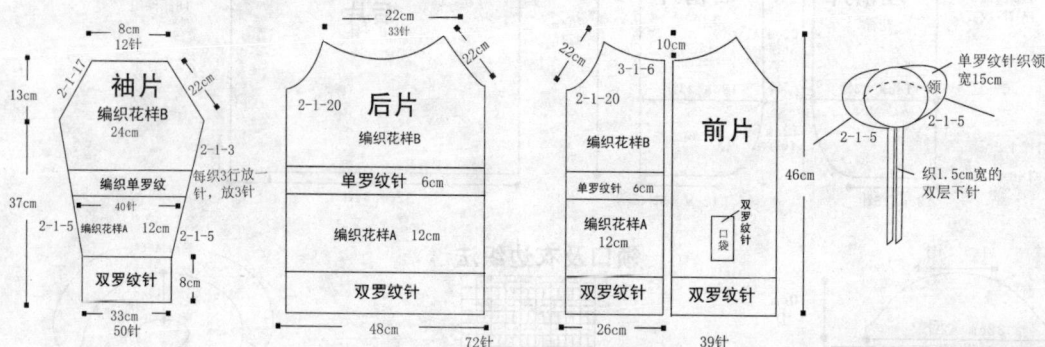

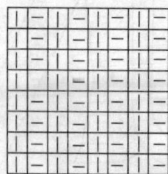

单罗纹针

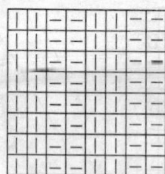

双罗纹针

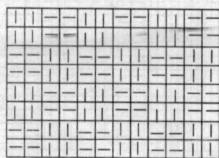

花样A

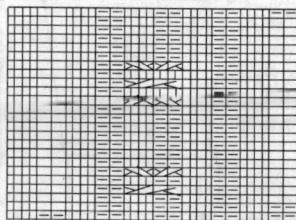

花样B □＝□ 上针
□＝下针

魅力敞怀衫

【成品尺寸】胸围84cm　衣长68cm　袖长48cm

【工具】8号棒针

【材料】灰色夹花绒线400g　灰色松针线400g

【密度】10cm²：20针×21行

【制作方法】1.前片起33针，后片起82针用灰色夹花绒线编织，织好后缝合，底边起50针，用松针线编织125cm，两边各多出25cm缝在衣服的底边，另起50针用松针线编织158cm，织好后和衣服的领部、门襟及下摆多出的25cm部分缝合。

2.用夹花绒线起44针，织袖，每8行腋下左右各加1针，加9次，按图织出袖山，缝在衣服上。

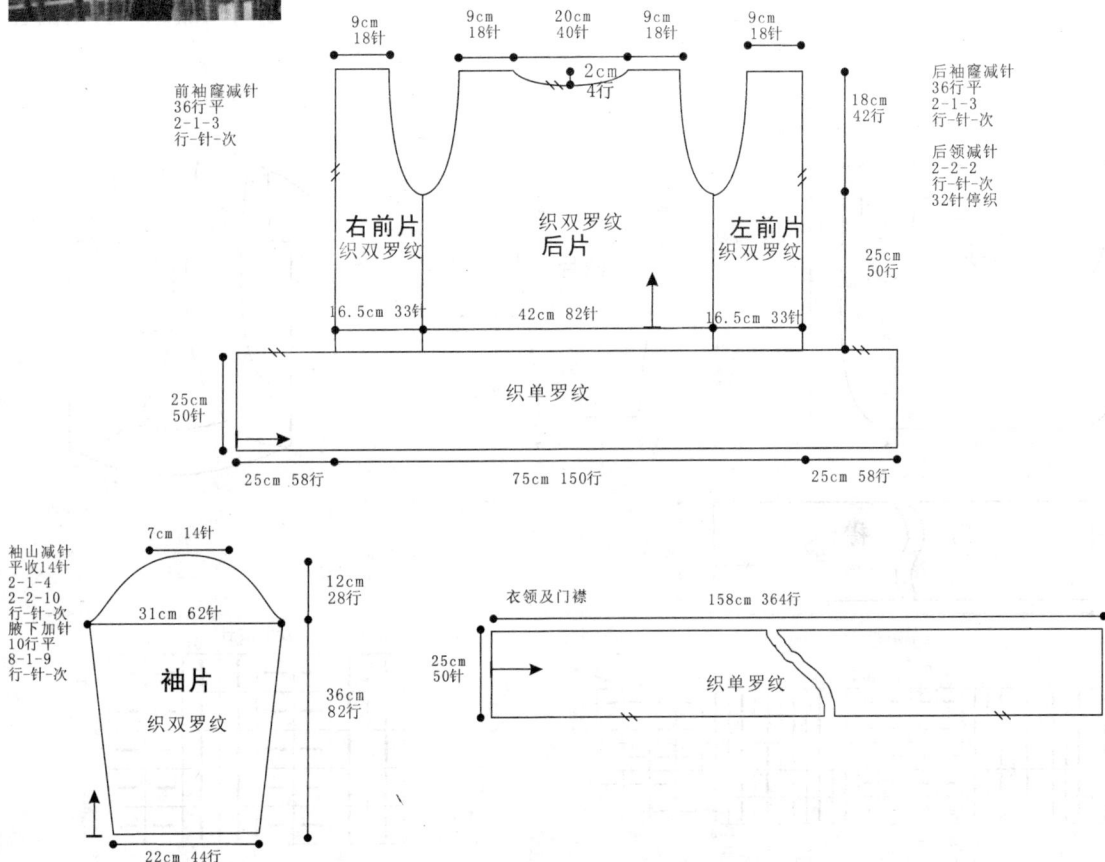

9cm 18针　　9cm 18针　20cm 40针　9cm 18针　　9cm 18针

2cm 4行

前袖窿减针
36行平
2-1-3
行-针-次

后袖窿减针
36行平
2-1-3
行-针-次

18cm 42行

后领减针
2-2-2
行-针-次
32针停织

右前片
织双罗纹

织双罗纹
后片

左前片
织双罗纹

25cm 50行

16.5cm 33针　　42cm 82针　　16.5cm 33针

织单罗纹

25cm 50针

25cm 58行　　75cm 150行　　25cm 58行

袖山减针
平收14针
2-1-4
2-2-10
行-针-次
腋下加针
10行平
8-1-9
行-针-次

7cm 14针

31cm 62针

12cm 28行

袖片
织双罗纹

36cm 82行

22cm 44行

衣领及门襟　　158cm 364行

25cm 50针

织单罗纹

【成品尺寸】胸围88cm　肩宽32cm　衣长70cm　袖长56cm

【工具】4mm棒针

【材料】黑灰夹花毛线400g　黑色毛线400g

【密度】$10cm^2$：20针×24行

【制作方法】1.衣身用黑灰夹花毛线起88针，从下往上织平针，如图所示进行加针，织32cm后开始收袖窿，在离身长3cm时收后领。

　　2.袖片：用黑色毛线起44针，由下往上编织双罗纹针14行后，改由黑灰夹花毛线编织平针，如图所示进行加针，编织38cm后收袖山。编织两片。

　　3.门襟、下摆、领由一整条组成。用黑色毛线起60针编织花样180cm。

　　4.缝合：先将肩缝缝合后，安装袖子，然后将所编织一长条围着门襟、下摆和领进行缝合，最后将两头对接好。

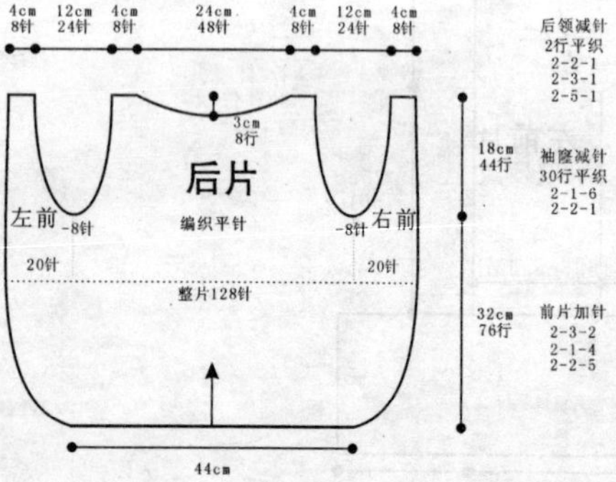

后片编织图：

4cm 8针　12cm 24针　4cm 8针　24cm 48针　4cm 8针　12cm 24针　4cm 8针

后领减针
2行平织
2-2-1
2-5-1

18cm 44行

左前 -8针　后片　编织平针　-8针 右前

20针　20针

整片128针

32cm 76行

44cm

袖窿减针
30行平织
2-1-6
2-2-1

前片加针
2-3-2
2-1-4
2-2-5

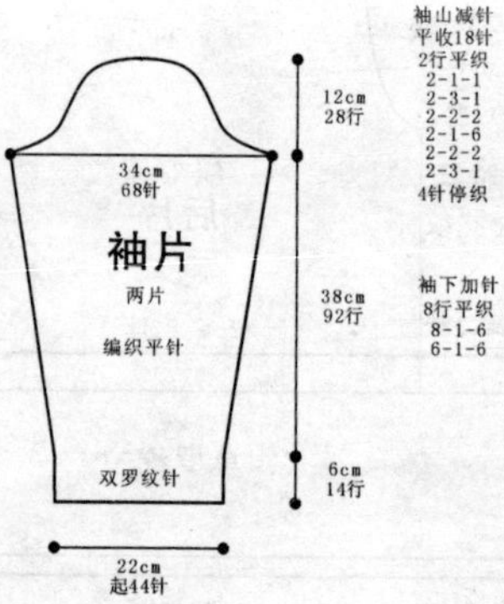

袖片：

袖山减针
平收18针
2行平织
2-1-1
2-3-1
2-2-2
2-2-2
4针停织

12cm 28行

34cm 68针

袖片 两片 编织平针

38cm 92行

袖下加针
8行平织
8-1-6
6-1-6

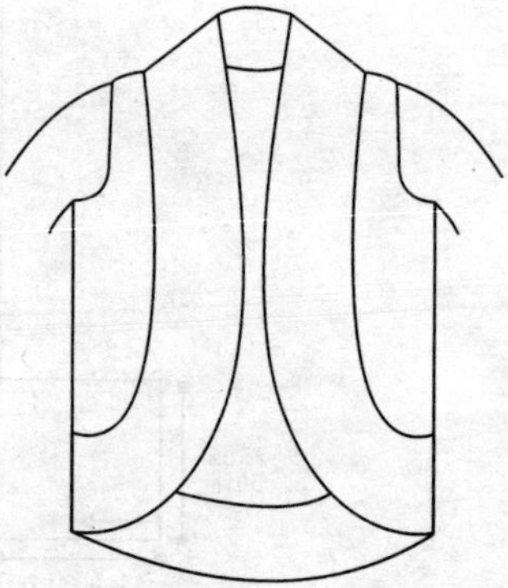

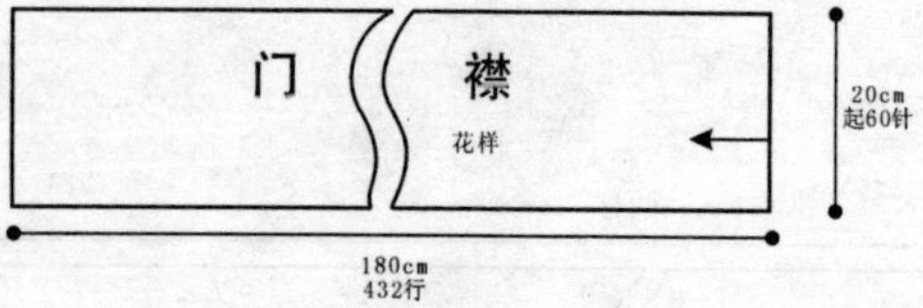

双罗纹针

6cm 14行

22cm 起44针

门襟：

门　襟　花样

20cm 起60针

180cm 432行

花样
5
20　15　10　5　1

双罗纹针

长款开襟毛衫

【成品尺寸】衣长77cm 胸围96cm 肩宽38cm 袖长73cm

【工具】4mm棒针

【材料】灰色中粗羊毛线

【密度】10cm² : 15针×20行

【制作方法】1.后片：起72针，织双罗纹针，织62cm时按编织图示减针成后片袖窿及后领口。

2.前片：起36针，织双罗纹针。织57cm后开始减针成领部，织62cm后按编织图减针成前袖窿，织至77cm后，领子部分12针继续织双罗纹针长6cm，缝合收针。

3.袖片：起40针织双罗纹，袖两侧每织20行放1针，每侧放4针，织44cm后按编织图减针成插肩。

4.缝合：前、后片及袖片，再将领缝合，完成。

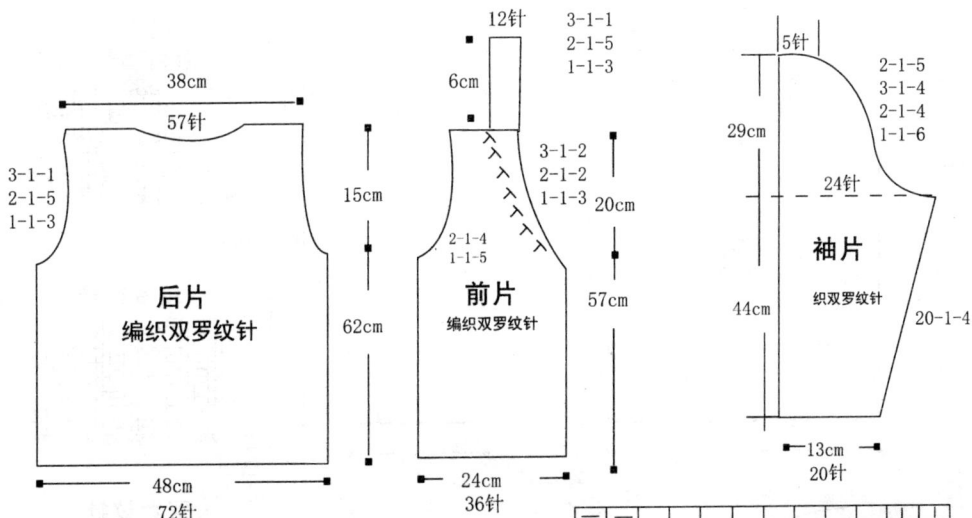

后片
编织双罗纹针

38cm
57针
3-1-1 2-1-5 1-1-3
15cm
62cm
48cm
72针

前片
编织双罗纹针

12针
6cm
3-1-1 2-1-5 1-1-3
3-1-2 2-1-2 1-1-3
20cm
2-1-4 1-1-5
57cm
24cm
36针

袖片
织双罗纹针

5针
29cm
2-1-5 3-1-4 2-1-4 1-1-6
24针
44cm
20-1-4
13cm
20针

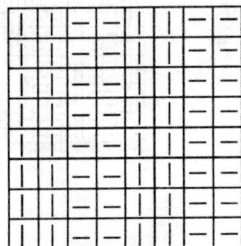

双罗纹针

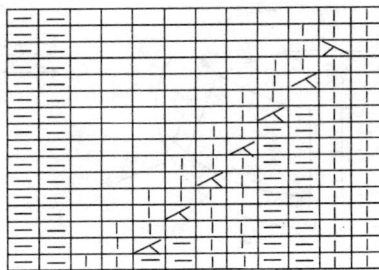

收针图示

【成品尺寸】胸围110cm　衣长70cm　袖长25cm

【工具】13号棒针

【材料】灰色羊毛绒线650g

【密度】10cm²：30针×40行

【制作方法】1.后片：起165针，织15cm双罗纹针，接着织花样，织53cm时按图减针成后衣片领口。

2.前片起91针，织15cm双罗纹针，接着织花样，织40cm后按图减针成前片领口。

3.缝合：将前、后片肩部进行缝合，从肩部往下挑20cm，共挑60针，织25cm双罗纹针，形成袖子；领部挑190针，织18cm长双罗纹针，形成领子；单独起12针，织单罗纹针75cm长成衣边；将衣边从领到衣脚处缝合；完成。

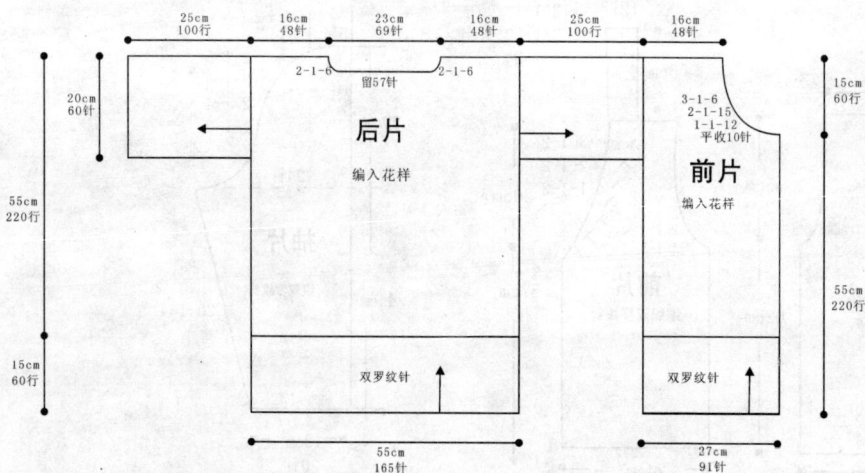

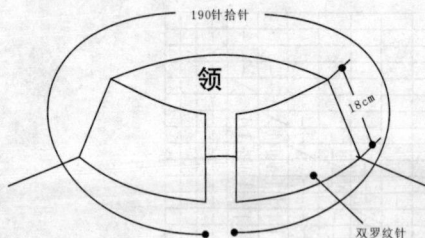

花样

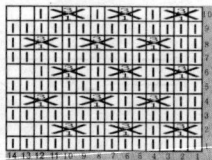

单罗纹针

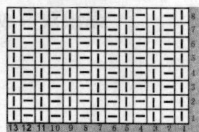

双罗纹针

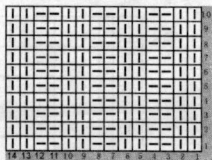

系带开襟毛衫

【成品尺寸】胸围92cm　衣长106cm　袖长45cm

【工具】8号棒针

【材料】咖啡色绒线1000g

【密度】10cm²：20针×20行

【制作方法】1.前、后片：单片用8号棒针，前片起10针，后片起92针，织下针，前片门襟部分，每4行加1针后平织10cm，腰线下每16行减1针，腰线上每6行加1针，织到相应位子分别留出袖窿、领窝。

2.袖片：起48针，腋下每6行两边各加1针，加11次，平织6行，织袖山。

3.缝合：将衣片缝合，挑门襟和领以及下摆，每2行挑3针，横的位子每针挑1针，织萝卜丝针，织4cm，袖口也同样挑针织4cm高的萝卜丝针。

前袖笼减针
34行平
2-1-2
2-2-2
行-针-次

前领减针
4行平
4-1-9
2-1-5
行-针-次

腰线上加针
4行平
8-1-4
行-针-次
腰线下减针
16-1-8

门襟下
部分加针
4-1-32

9cm 18针

25cm 50行

5cm 10行

64cm 128行

17cm 34针
左前片
织下针

5cm 10针

9cm 18针

18cm 36行

18cm 36行

64cm 128行

17cm 34针
右前片
织下针

5cm 10针

9cm 18针　18cm 36针　9cm 18针

2cm

42cm 84针

后片
织下针

38cm 76针

46cm 92针

后袖笼减针
34行平
2-1-2
2-2-2
行-针-次

后领减针
2-2-2
行-针-次
32行停织

腰线上加针
4行平
8-1-4
行-针-次
腰线下减针
16-1-8

袖山减针
平收12针
2-2-12
平收5针
行-针-次
腋下加针
6行平
6-1-11
行-针-次

6cm 12针

11cm 24行

35cm 70针

袖片
织下针

34cm 72行

24cm 48针

花样　⊔=萝卜丝针

挑边织花样

4cm 8行

挑边织花样

4cm 8行

4cm 8行

【成品尺寸】胸围84cm　衣长50cm

【工具】8号棒针　10号棒针

【材料】咖啡色毛线400g

【密度】$10cm^2$：24针×26行

【附件】毛皮若干

【制作方法】用10号棒针起116针织单罗纹，织60cm后换8号棒针织花样100cm，再换10号棒针织单罗纹60cm收针。在花样的两边分别镶上毛皮做装饰。

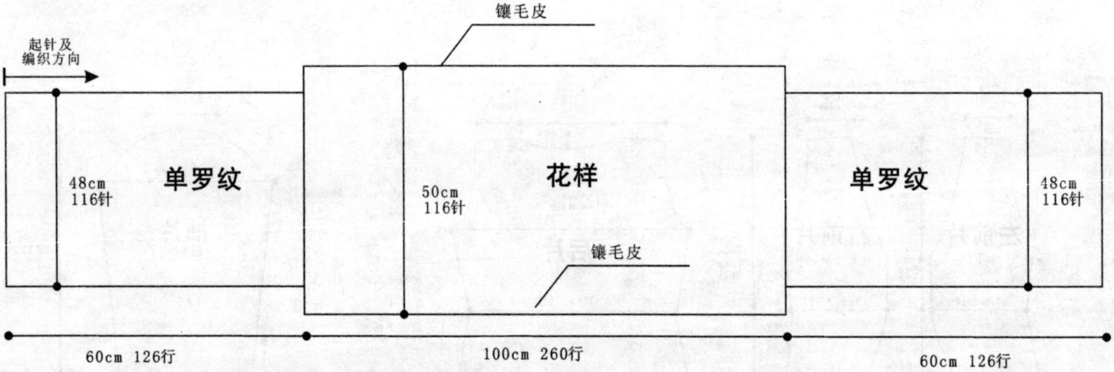

起针及编织方向

镶毛皮

| 48cm
116针 | 单罗纹 | | 50cm
116针 | 花样 | | 单罗纹 | 48cm
116针 |

镶毛皮

60cm 126行　　　　100cm 260行　　　　60cm 126行

花样

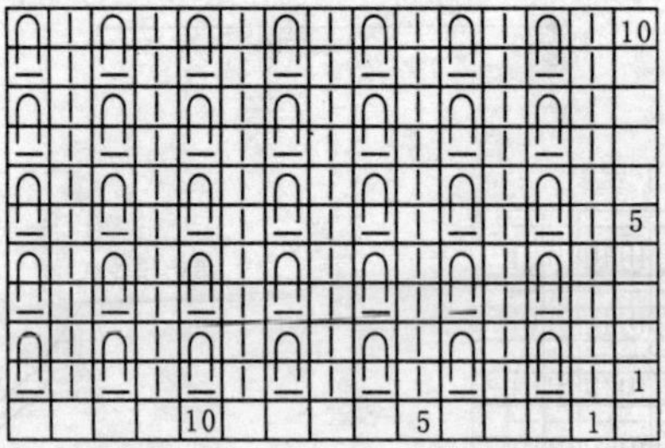

翻领开襟毛衫

【成品尺寸】胸围112cm　衣长50cm　袖长48cm

【工具】10号棒针

【材料】深绿黑色绒线500g

【密度】10cm²：26针×28行

【制作方法】单片用10号棒针，前片起208针，后片起188针，织单罗纹8cm，前片靠门襟部分的34针继续织单罗纹，其他部分每2针并1针，然后织下针。袖片：起108针，织8cm后，2针并1针织下针，袖子按图织好后缝在衣片上，后领挑88针织单罗纹，织8cm，收针。

前袖窿减针
36行平
2-1-3
2-2-2
行-针-次

前领减针
2-2-3
2-3-1
行-针-次
平收34针

9cm 20针　4cm 9针

3cm 8行

16cm 36针

左前片
织下针

13.5cm 31针

腰上加针
平织6行
8-1-58
腰下减针
4-1-4
行-针-次

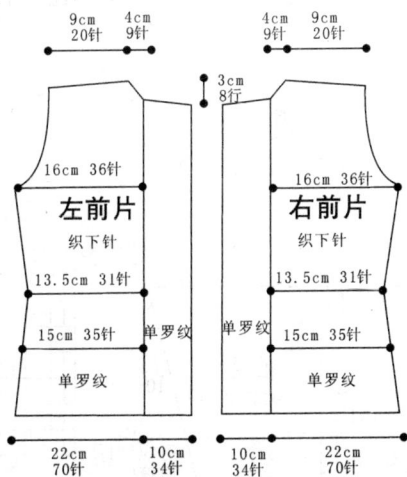

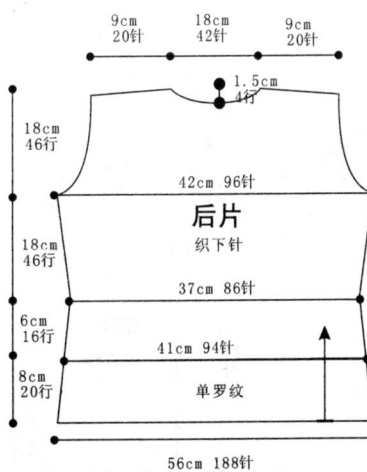

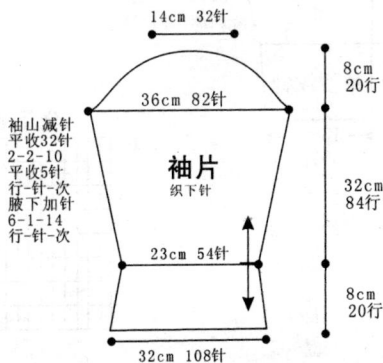

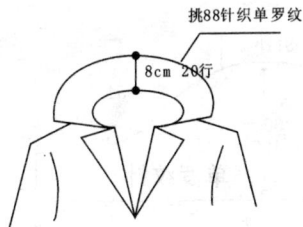

15cm 35针　单罗纹

单罗纹

22cm 70针　10cm 34针

4cm 9针　9cm 20针

16cm 36针

右前片
织下针

13.5cm 31针

15cm 35针

单罗纹

10cm 34针　22cm 70针

9cm 20针　18cm 42针　9cm 20针

1.5cm 4行

18cm 46行

42cm 96针

后片
织下针

18cm 46行

37cm 86针

6cm 16行

41cm 94针

8cm 20行

单罗纹

56cm 188针

后袖窿减针
36行平
2-1-3
2-2-2
行-针-次

后领减针
2-2-2
行-针-次
34针停织

腰上加针
平织6行
8-1-58
腰下减针
4-1-4
行-针-次

14cm 32针

8cm 20行

36cm 82针

袖山减针
平收32针
2-2-10
平收5针
行-针-次
腋下加针
6-1-14
行-针-次

袖片
织下针

32cm 84行

23cm 54针

8cm 20行

32cm 108针

挑88针织单罗纹

8cm 20行

【成品尺寸】衣长75cm　胸围96cm　肩宽38cm　袖长100cm

【工具】13号棒针

【材料】深灰色羊毛绒线

【密度】10cm²：30针×40行

【制作方法】1.后片：起144针，织12cm单罗纹针，改织下针，织45cm长后，按编织图示减针成后片袖窿及后领口。

2.前片：起72针，织12cm长单罗纹针后，衣襟处10针继续织单罗纹针，62针织下针，织57cm长后按编织图示减针成前衣片领口及袖窿。

3.袖片：起78针，织10cm的单罗纹针后改织下针，平织54行后每侧每织18行放1针，共放54行，织34cm后按编织图减针成袖山。

4.缝合：袖子领起186针，织单罗纹针，按领编织图减针成青果领，将领子缝合，完成。

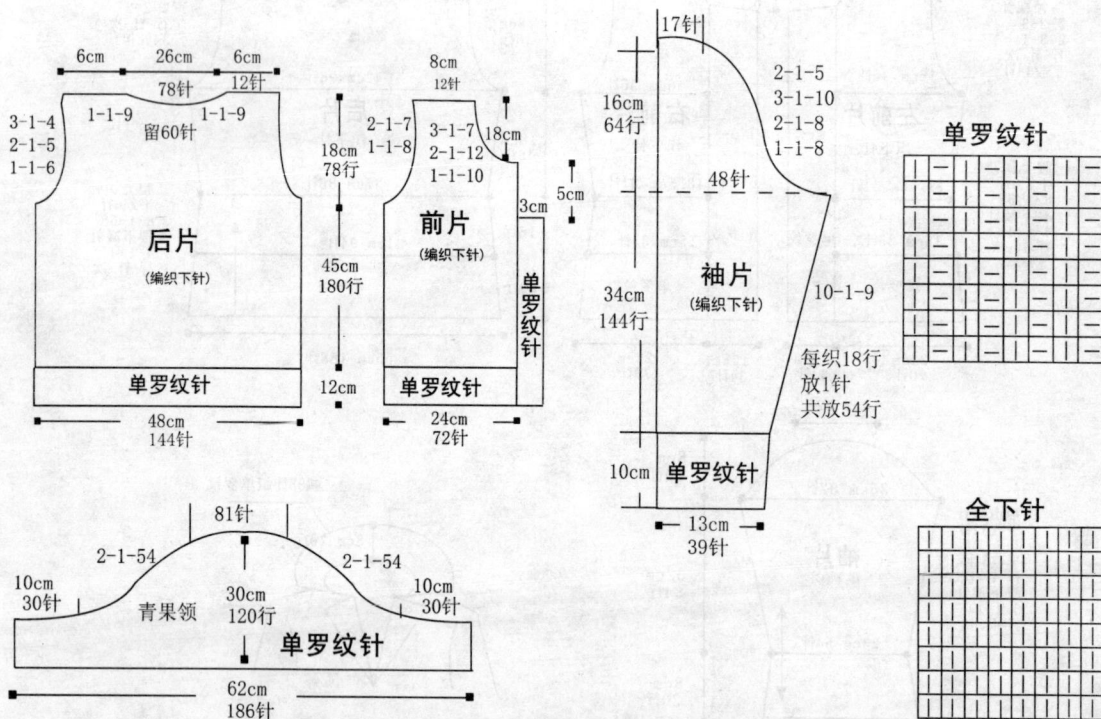

后片

6cm　26cm　6cm
78针
12针
3-1-4　1-1-9　留60针　1-1-9
2-1-5
1-1-6

后片
（编织下针）

18cm
78行

45cm
180行

单罗纹针

12cm

48cm
144针

前片

8cm
12针
2-1-7　3-1-7　18cm
1-1-8　2-1-12
1-1-10

前片
（编织下针）

5cm

3cm

单罗纹针

单罗纹针

24cm
72针

袖片

17针

16cm
64行

2-1-5
3-1-10
2-1-8
1-1-8

48针

袖片
（编织下针）

34cm
144行

10-1-9

每织18行
放1针
共放54行

10cm　单罗纹针

13cm
39针

青果领

81针

2-1-54　2-1-54

10cm　30cm　10cm
30针　120行　30针

青果领

单罗纹针

62cm
186针

单罗纹针

全下针

温馨系扣毛衫

【成品尺寸】胸围80cm　衣长62cm　袖长48cm

【工具】12号棒针

【材料】黑色毛线500g　白色毛线100g

【密度】10cm²：26针×32行

【制作方法】1.前、后片：单片用白色线前片起46针，后片起106针，织双罗纹，织6cm后织下针。每织4行换一次线的颜色，换4次，织38cm后按图留袖窿及领窝。袖窿织6行后换白色线织花样。

2.袖片：由袖口织起，起56针织双罗纹边，织6cm后加2针，然后按图示腋下加针。

3.缝合：将衣片缝合，挑门襟，每4行挑3针，织5cm宽收针。另外按图织口袋和帽子，缝在相应位置。

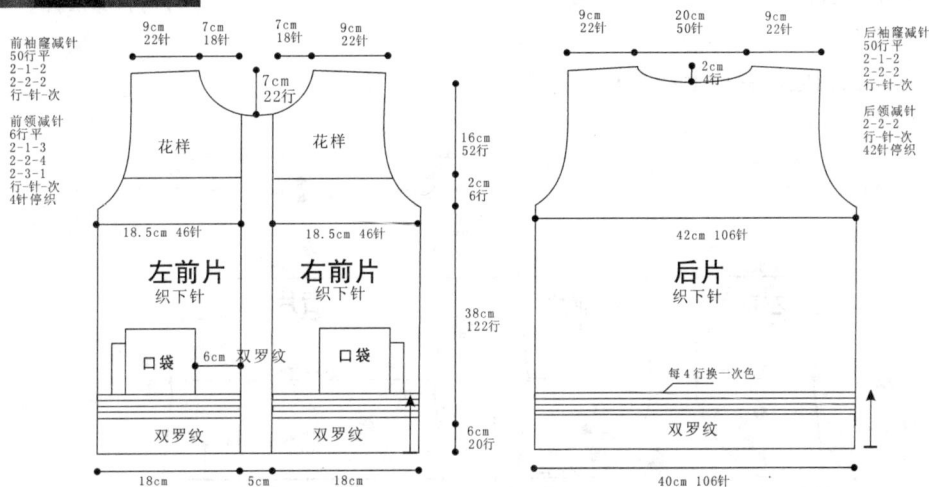

前袖窿减针
50行平
2-1-2
2-2-2
行-针-次

前领减针
6行平
2-1-3
2-2-4
2-3-1
行-针-次
4针停织

9cm 22针　7cm 18针　7cm 18针　9cm 22针

7cm 22行

花样　花样

16cm 52行

2cm 6行

18.5cm 46针　18.5cm 46针

左前片 织下针　**右前片** 织下针

38cm 122行

口袋　6cm 双罗纹　口袋

双罗纹　双罗纹

6cm 20行

18 46针　5cm 16行　18 46针

9cm 22针　20cm 50针　9cm 22针

后袖窿减针
50行平
2-1-2
2-2-2
行-针-次

后领减针
2-2-2
行-针-次
42针停织

2cm 4行

42cm 106针

后片 织下针

每4行换一次色

双罗纹

40cm 106针

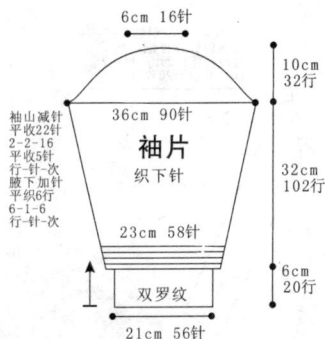

6cm 16针

袖山减针
平收22针
2-2-16
平收5针
行-针-次
腋下加针
平收6针
6-1-6
行-针-次

36cm 90针

10cm 32行

袖片 织下针

32cm 102行

23cm 58针

双罗纹

6cm 20行

21cm 56针

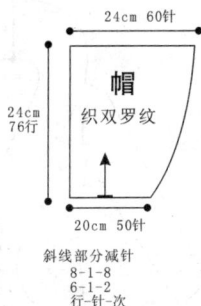

24cm 60针

帽 织双罗纹

24cm 76行

20cm 50针

斜线部分减针
8-1-8
6-1-2
行-针-次

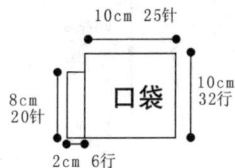

10cm 25针

8cm 20针　**口袋**　10cm 32行

2cm 6行

花样

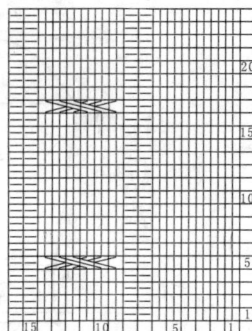

【成品尺寸】胸围84cm　衣长56cm　袖长50cm

【工具】6号棒针　8号棒针

【材料】黑色绒线600g　彩色线少许

【密度】10cm²：16针×17行

【附件】纽扣3枚

【制作方法】1.单片用6号棒针前片起18针，后片起68针，前片门襟每4行加1针，加8次。腰线下每8行减1针减4次，腰线上每6行加1针，加4次，按图留出袖窿、领窝。

2.袖片：起38针，用8号棒针织单罗纹6cm后，换6号棒针织下针，按图解腋下每6行两边各加1针，加8次。

3.缝合：将衣片缝合，挑门襟和领以及下摆，横的地方每1针挑1针，竖的地方每4行挑3针，织够4cm后，除领外其他部分停织，然后每两行停织2针，再织25行，最后一并收针。

4.用彩色线在相应位置绣上花朵；钉好纽扣。

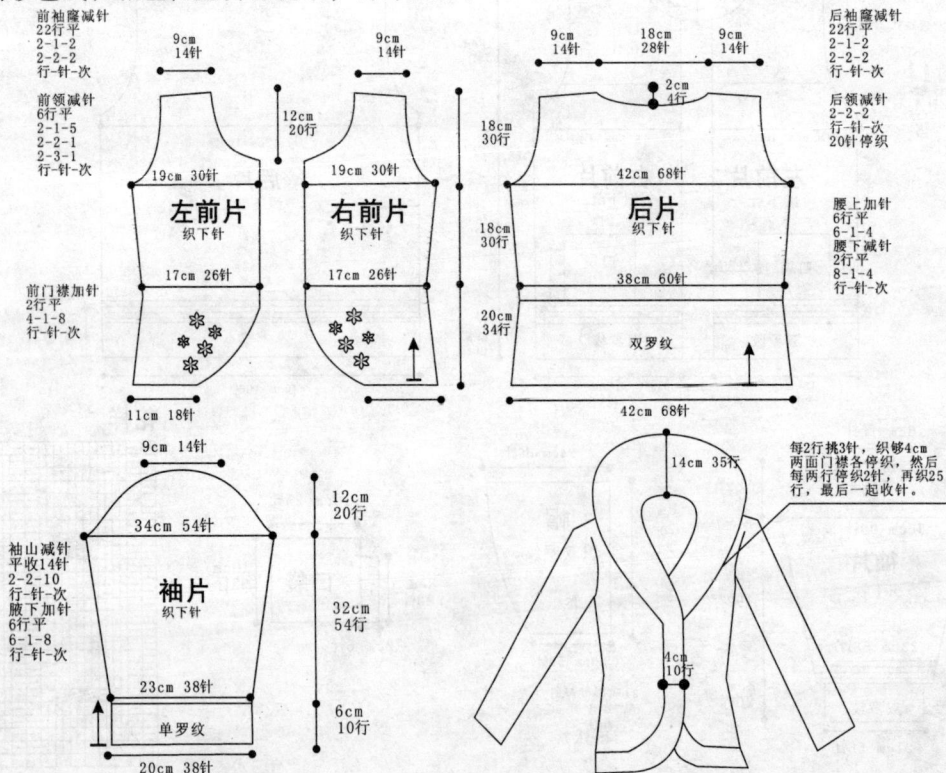

前袖窿减针
22行平
2-1-2
2-2-2
行-针-次

前领减针
6行平
2-1-5
2-2-1
2-3-1
行-针-次

前门襟加针
2行平
4-1-8
行-针-次

9cm 14针

12cm 20行

19cm 30针

左前片
织下针

17cm 26针

11cm 18针

9cm 14针

19cm 30针

右前片
织下针

17cm 26针

后袖窿减针
22行平
2-1-2
2-2-2
行-针-次

后领减针
2-2-2
行-针-次
20针停织

腰上加针
6行平
6-1-4
腰下减针
2行平
8-1-4
行-针-次

9cm 14针　18cm 28针　9cm 14针

2cm 4行

18cm 30行

18cm 30行

后片
织下针

42cm 68针

38cm 60针

20cm 34行

双罗纹

42cm 68针

袖山减针
平收14针
2-2-10
行-针-次
腋下加针
6行平
6-1-8
行-针-次

9cm 14针

34cm 54针

12cm 20行

袖片
织下针

32cm 54行

23cm 38针

单罗纹

6cm 10行

20cm 38针

14cm 35行

每2行挑3针，织够4cm
两面门襟各停织，然后
每两行停织2针，再织25
行，最后一起收针。

4cm 10行

碎花系扣开衫

【成品尺寸】胸围84cm 衣长68cm

【工具】7号棒针

【材料】夹花绒线500g

【密度】10cm²：18针×19行

【制作方法】1.单片用7号棒针，前片起38针，后片起76针，织双罗纹，织6cm，然后织下针，到相应位置分别留出袖窿、领窝。

2.将衣片缝合，领口挑84针织单罗纹，织10cm。另织12cm×14cm口袋，兜口换白色线织4cm双罗纹边，缝在衣片上。

前袖窿减针
26行平
4-1-1
2-1-2
行-针-次

前领减针
2行平
2-1-5
2-2-3
2-3-1
2-4-1
行-针-次

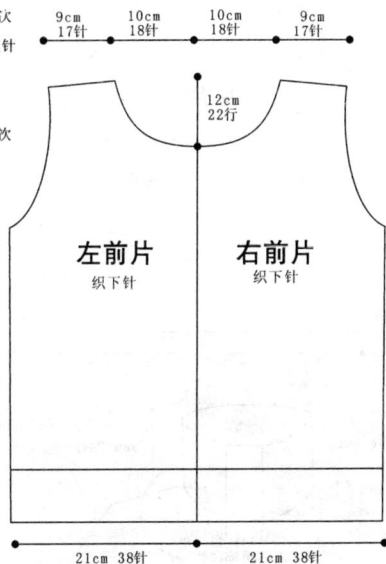

9cm 17针 10cm 18针 10cm 18针 9cm 17针

12cm 22行

后袖窿减针
26行平
4-1-1
2-1-2
行-针-次

后领减针
2-2-2
行-针-次
28针停织

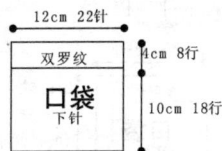

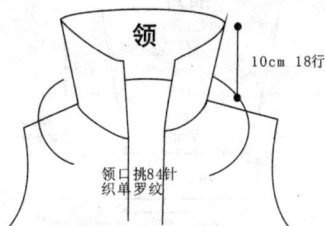

9cm 17针 20cm 36针 9cm 17针

2cm 4行

18cm 34行

44cm 84行

6cm 12行

左前片 织下针

右前片 织下针

后片 织下针

21cm 38针 21cm 38针

42cm 76针

12cm 22针

双罗纹

口袋 下针

4cm 8行

10cm 18行

领

10cm 18行

领口挑84针
织单罗纹

【成品尺寸】胸围84cm　衣长68m　袖长56cm

【工具】10号棒针

【材料】白色夹花绒线500g

【密度】10cm²：23针×24行

【制作方法】1.单片用10号棒针前片起55针，后片起96针，编织单罗纹，织8cm，前片靠门襟部分的12针继续织单罗纹，织下针。按图解织插肩，并留出前领窝，门襟的12针留前领窝时停织。

2.袖口起52针，编织双罗纹，织8cm后，织下针，袖子按图织好后缝在衣片上，后领挑84针同时挑起门襟左右停织的12针，织单罗纹，织8cm，收针。

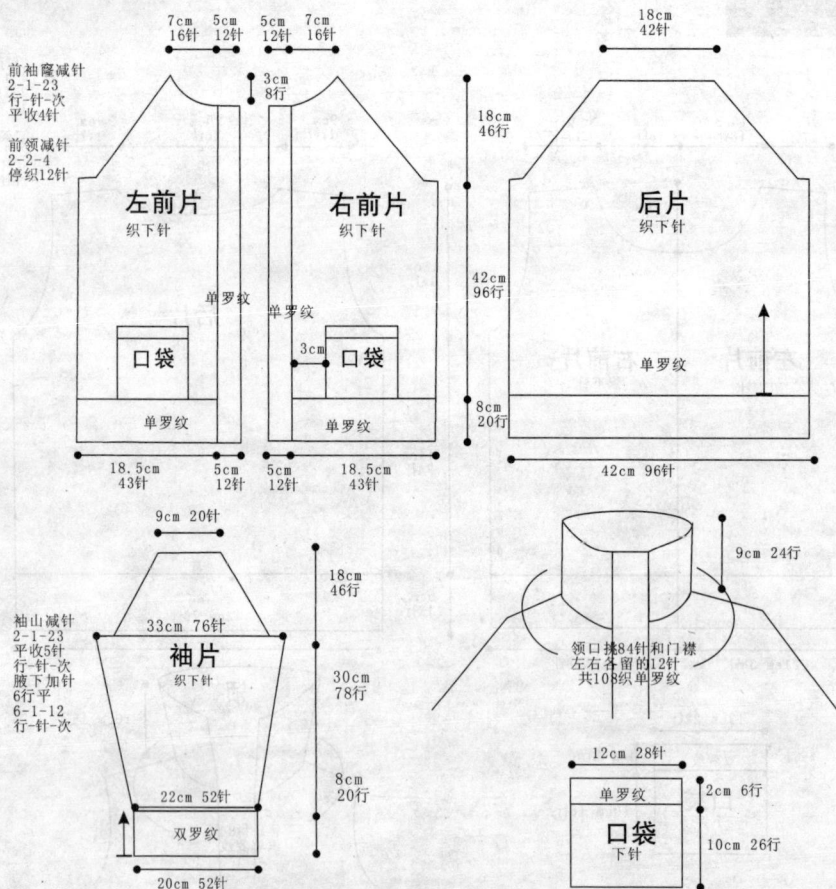

前袖窿减针
2-1-23
行-针-次
平收4针

前领减针
2-2-4
停织12针

7cm　5cm　5cm　7cm
16针　12针　12针　16针

3cm
8行

18cm
46行

左前片
织下针

右前片
织下针

单罗纹　单罗纹

口袋　　3cm　口袋

单罗纹　　　单罗纹

18.5cm　5cm　5cm　18.5cm
43针　12针　12针　43针

18cm
42针

后片
织下针

单罗纹

42cm
96针

8cm
20针

42cm 96针

9cm 20针

袖山减针
2-1-23
平收5针
行-针-次
腋下加针
6行平
6-1-12
行-针-次

33cm　76针

袖片
织下针

22cm 52针

双罗纹

20cm 52针

18cm
46行

30cm
78行

8cm
20行

9cm 24行

领口挑84针和门襟
左右各留的12针
共108织单罗纹

12cm 28针

单罗纹　　2cm 6行

口袋
下针

10cm 26行

深色皮草开衫

【成品尺寸】胸围84cm　肩宽36cm　衣长65cm

【工具】5号棒针

【材料】黑色毛线1000g

【密度】$10cm^2$：25针×30行

【附件】暗扣3枚

【制作方法】1.前片(左右两片)：按双罗纹起针法起56针，双罗纹编织10cm；双罗纹针上针并为一针，减为42针，以绵羊圈圈针织(见图解)。按下摆加针及下摆减针织出袖下；按袖窿减针及前领减针织出袖窿和前领，对称织出别一片前片。

2.后片：编织方法与前片类似，不同之处为起针108针，织10cm完后减为81针，减法同前片；下摆两侧都要加减针；开领见后领开领。

3.整理：前片和后片肩部、腋下缝合。

4.挑袖：前片和后片各挑58针，双罗纹针编织2cm后收针。

5.挑领：前领和后领分别挑16针、32针，绵羊圈圈针编织。

6.收尾：在合适位置钉上3枚暗扣。

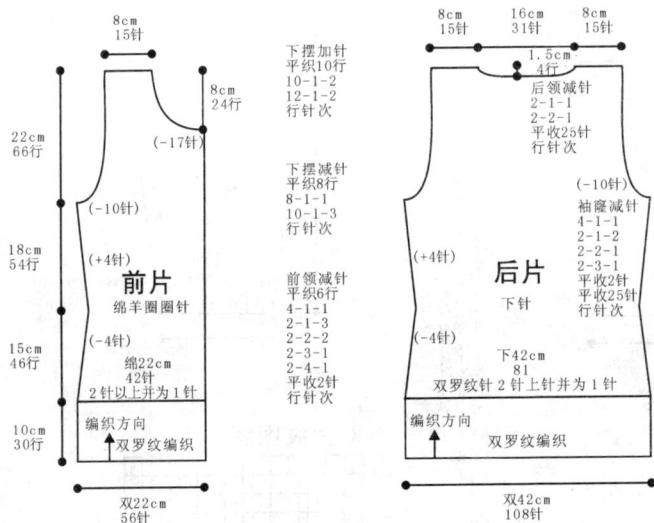

前片
绵羊圈圈针

8cm 15针
8cm 24针
22cm 66行
(-17针)
(-10针)
18cm 54行
(+4针)
15cm 46行
(-4针)
绵22cm
42针
2针以上并为1针
平收2针
行针次
10cm 30行
编织方向
双罗纹编织
双22cm
56针

下摆加针
平织10行
10-1-2
12-1-2
行针次

下摆减针
平织8行
8-1-1
10-1-3
行针次

前领减针
平织6行
4-1-1
2-1-3
2-2-2
2-3-1
2-4-1
行针次

后片
下针

8cm 15针
16cm 31针
8cm 15针
1.5cm 4行
后领减针
2-1-1
2-2-1
平收25针
行针次
(-10针)
袖窿减针
4-1-1
2-1-2
2-2-1
平收2针
平收25针
行针次
(+4针)
(-4针)
下42cm
81
双罗纹针2针上针并为1针
编织方向
双罗纹编织
双42cm
108针

袖边（圈织）

2cm 6行
双罗纹编织
46cm
116针

绵羊圈圈针

△	△	△	△	单线绕线后变双线
△	△	△	△	单线绕线后变双线　2
				1

1行：右食指绕一定长度线，双股线织下针，把线套绕到正面。
2行：反面织，织上针，左上2针并1针。
注意：织正面前要把所有线套拉紧。

领
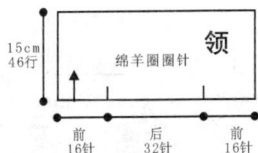
15cm 46行
绵羊圈圈针
前16针　后32针　前16针

双罗纹

8	7	6	5	4	3	2	1	
								6
								1

105

【成品尺寸】胸围88cm　肩宽36cm　衣长50cm

【工具】5号棒针

【材料】黑色毛线1000g

【密度】10cm²：20针×30行

【附件】毛片若干

【制作方法】1.前片(左右两片)：双罗纹针起针法起24针，按下摆加针双罗纹编织21cm；按前袖窿减针及前领减针织出前领和袖窿。对称织出另一片。

2.后片：双罗纹针起针法起88针，按下摆加针双罗纹编织31cm；按后袖窿减针及后领减针织出袖窿和后领。

3.袖片(两片)：双罗纹针起针法起48针，按袖下加针双罗纹编织45cm；按袖山减针织出袖山，对称织出另一片。

4.领门襟：双罗纹针起针法起236针，双罗纹编织10cm。

5.收尾：前片和后片肩部、腋下缝合，注意前片下摆留10cm；袖下缝合，装袖；领门襟块内里缝上毛片，与前片门襟领、后领缝合；袖口往外翻10cm，在10cm处缝上毛片。

后片

8cm 16针　20cm 40针　8cm 16针

1.5cm 4行

后领减针
2-1-1
2-2-1
平收34针
行针次

19cm 58行

(-8针)
后袖窿减针
平织46行
4-1-1
2-1-3
2-2-1
平收2针
行针次

双罗纹

编织方向

31cm 94行

44cm 88针

19cm 58行

前片

8cm 16针

(-12针)

(-12针)

双罗纹

(+16针)

编织方向

21cm 64行

12cm 24针

下摆加针
平织32行
4-1-2
2-1-6
2-2-3
2-3-1
行针次

前袖窿减针
平织40行
4-1-1
2-1-4
2-2-2
2-3-1
行针次

前领减针
平织40行
4-1-1
2-1-4
2-2-2
2-3-1
行针次

袖片

袖山减针
2-3-1
2-2-1
2-1-12
2-2-6
2-3-1
行针次

8cm 16针

13cm 40行

(-30针)

38cm 76针

45cm 136行

双罗纹

编织方向

袖下加针
平织8行
8-1-6
10-1-8
行针次

24cm 48针

领门襟

10cm 30行

编织方向　双罗纹编织

前领门襟 48cm 96针　后领 22cm 44针　前领门襟 48cm 96针

双罗纹图解

风情系带开衫

【成品尺寸】衣长75cm　　胸围100cm　　肩宽42cm　　袖长50cm

【工具】13号棒针

【材料】黑色羊毛线

【密度】$10cm^2$：30针×40行

【附件】纽扣3枚

【制作方法】1.后片：起150针，织10cm长的单罗纹针，然后织花样，长45cm后按衣后片编织图减针，成后片袖窿及后领口。

　　2.前片：起84针，先织10cm长的单罗纹针，然后织花样，并按编织图示减针成前衣片袖窿及前领口。

　　3.缝合：将前、后片进行缝合，以肩为中心点挑70针织袖片，然后每两行两边各挑1针，共挑20针，后以90针平织40cm后改织10cm长单罗纹针，收针，在衣襟处钉上3枚纽扣，完成。

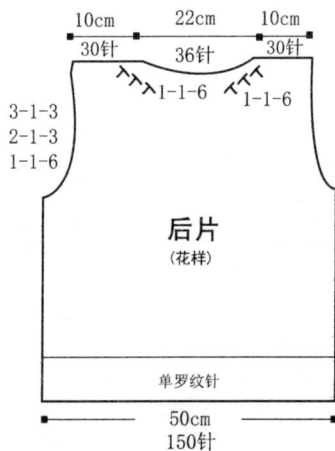

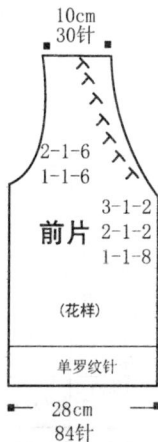

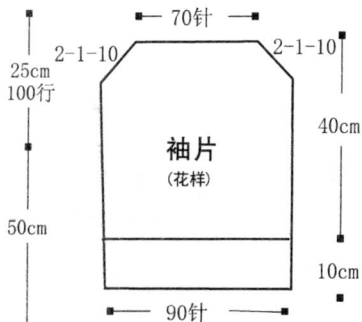

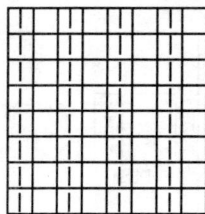

单罗纹针

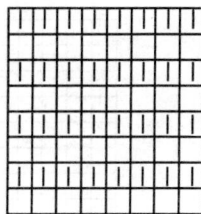

花样

【成品尺寸】衣长75cm　胸围96cm　连袖长38cm

【工具】13号棒针　环形针

【材料】藏蓝色羊毛绒线

【密度】10cm²：30针×40行

【制作方法】从袖口起160针，用4根环形针编织，按衣片上部分编织方向编织，织3cm长单罗纹针，后改织下针，织27cm按编织图一行放1针放6针，再二行放1针放4针，共放10针，再分开织放前、后片上部，前片织10cm宽收针，后片继续织32cm，再一次加90针为衣前片的长度，继续织27cm，按编织图用4根针环行编织，一行减1针减6针，再2行减1针减4针，共减10针，继续织27cm，改织3cm长的单罗纹针，收针，完成衣片上部编织。起90针按衣前片编织图编织；起120针按编织图编织衣后片下部。单独织衣袋，起36针织14cm长，缝合衣袋；单独按衣后片编织图编织衣后片。

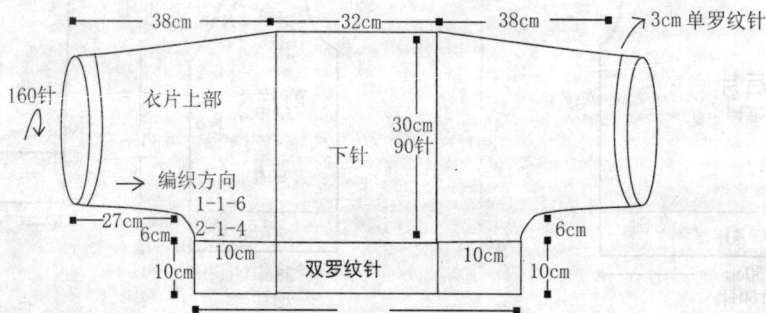

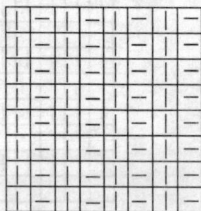

单罗纹针

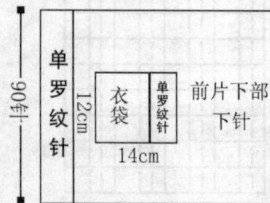

→ 编织方向

白色毛领开衫

【成品尺寸】胸围84cm　衣长42cm

【工具】7号棒针

【材料】白色粗绒线250g

【密度】10cm^2：18针×19行

【附件】毛球

【制作方法】1.衣服分A、B、C、D、E五部分编织，A部分是后片74针横织，织花样38cm。D部分和E部分相对称，按图折回编织，第一次停4针，第二次停12针，第三次停20针，第四次全织，如此反复这样腋下尺寸缩小，门襟尺寸放大。B部分和C部分袖窿那边平织，门襟部分按图减出斜线，收针。

2.将肩部缝合，镶上毛球。

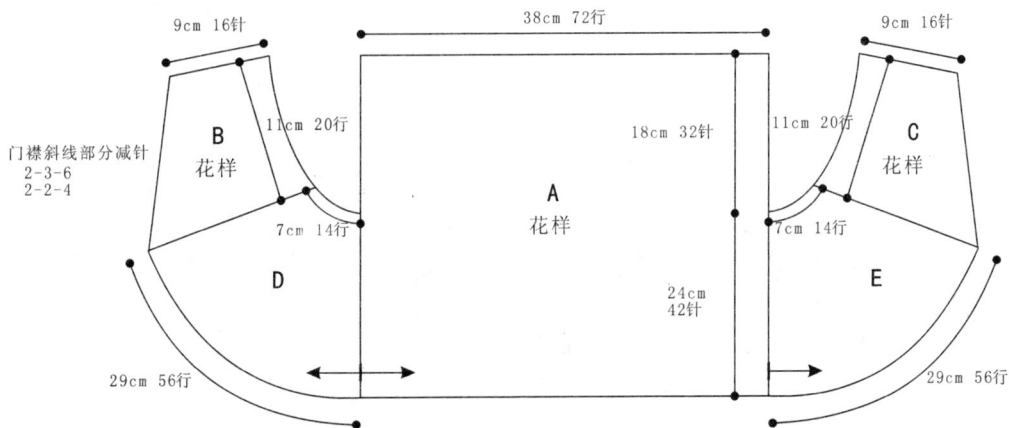

9cm 16针　　　　　　　38cm 72行　　　　　　　9cm 16针

B 花样　　　　　　　11cm 20行　　　　　　18cm 32针　　　　11cm 20行　　　　　C 花样

门襟斜线部分减针
2-3-6
2-2-4

7cm 14行　　　　　A 花样　　　　　7cm 14行

D　　　　　　　　　　　　　24cm 42针　　　　　　　　　E

29cm 56行　　　　　　　　　　　　　　　　　　　29cm 56行

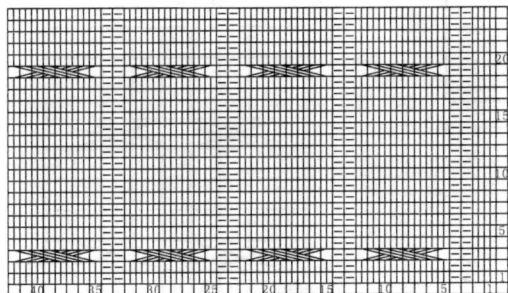

花样　　　　　　　　　　　　D和E部分的编织方法

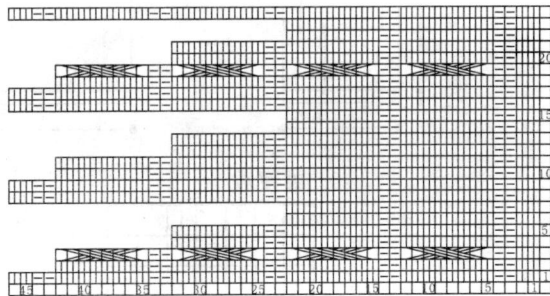

▲底边　▲腋下

【成品尺寸】胸围84cm　肩宽38cm　衣长75cm

【工具】5号棒针

【材料】白色毛线800g

【密度】10cm²：20针×30行

【附件】毛料若干

【制作方法】1.前片(左右两片)：单罗纹针起针法起40针，单罗纹针编织2cm；下针编织51cm后按袖窿减针及前领减针织出袖窿和前领。以上织出为左片，对称织出右片。

2.后片：与前片类似，不同为起针84针，不用开领直接收针。

3.口袋(两片)：普通起针法起28针，花样编织12cm；单罗纹编织3cm后单罗纹针收边。

4.收尾：把两片口袋在前片指定位置缝上；两片前片和后片肩部、腋下缝合；门襟和衣领缝上毛料。

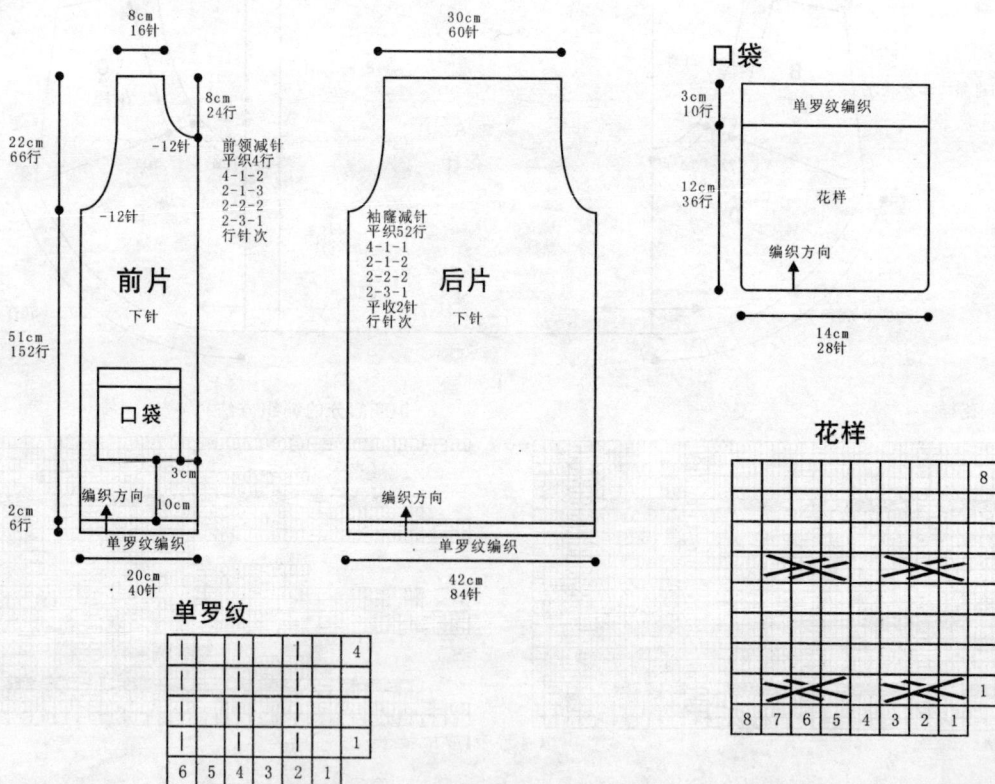

口袋

3cm
10行　单罗纹编织

12cm
36行　花样

编织方向

14cm
28针

8cm
16针

8cm
24行

-12针

前领减针
平织4行
4-1-2
2-1-3
2-2-2
2-3-1
行针次

22cm
66行

-12针

前片

下针

51cm
152行

口袋

3cm

10cm

编织方向

2cm
6行

单罗纹编织

20cm
40针

30cm
60针

袖窿减针
平织52行
4-1-1
2-1-2
2-2-2
2-3-1
平收2针
行针次

后片

下针

编织方向

单罗纹编织

42cm
84针

单罗纹

						4
I		I				
I		I				1
6	5	4	3	2	1	

花样

								8
8	7	6	5	4	3	2	1	1

淑女开襟毛衫

【成品尺寸】 胸围84cm　腰围84cm　衣长52cm　袖长54cm

【工具】 2.75mm棒针　3mm棒针

【材料】 白色毛线500g

【密度】 10cm²：28针×35行

【附件】 短拉链2根　长拉链1根　气眼4个　同色白布若干

【制作方法】 1．后片用2.75mm棒针起118针织底边，织24行后改用3mm棒针织平针，减针部分按图所示。

2．右前片按图示编织，加减针部分同后片，袖窿减针织10cm后改织双罗纹，直到织完前片，斜肩织完后留20针不收。

3．左前片和右前片对称编织，方法相同。

4．袖子如图编织，然后与前后相应部分缝合。

5．后领窝挑50针，连同两个前片所留的40针成片编织双罗纹18cm后与领子起针处对折，缝合成双层领子，两侧不缝合。

6．取白色布，按图A、图B形状各裁剪两块(注意留缝份)，并将短拉链缝至图A块上，再将布块缝合至前片相应位置。

7．将长拉链缝到毛衣前襟处至领口位置，毛衣即完工。

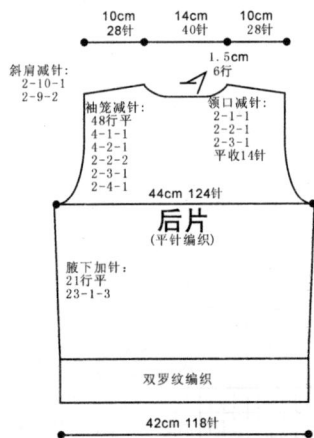

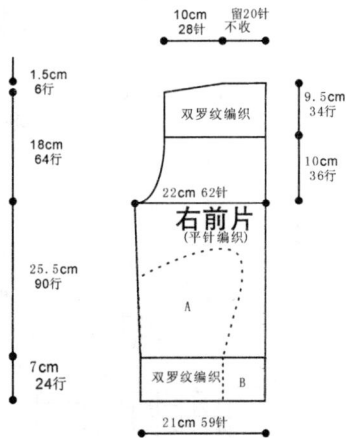

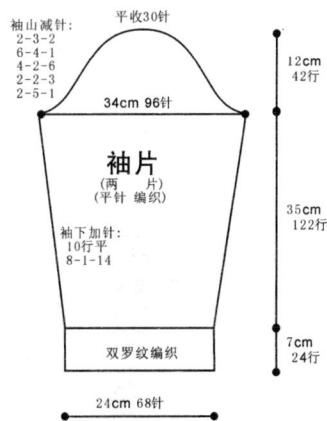

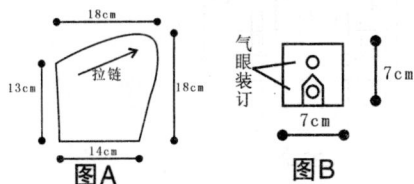

后片（平针编织）

10cm 28针　14cm 40针　10cm 28针

1.5cm 6行

斜肩减针：
2-10-1
2-9-2

袖笼减针：
48行平
4-1-1
4-2-1
2-2-2
2-3-1
2-4-1

领口减针：
2-1-1
2-2-1
2-3-1
平收14针

44cm 124针

腋下加针：
21行平
23-1-3

双罗纹编织

42cm 118针

右前片（平针编织）

10cm 28针　留20针不收

1.5cm 6行

双罗纹编织

18cm 64行

9.5cm 34行

22cm 62针

10cm 36行

25.5cm 90行

A

双罗纹编织　B

7cm 24行

21cm 59针

袖片（两片）（平针编织）

袖山减针：
2-3-2
6-4-1
4-2-6
2-2-3
2-5-1

平收30针

34cm 96针

12cm 42行

袖下加针：
10行平
8-1-14

35cm 122行

双罗纹编织

7cm 24行

24cm 68针

图A

18cm

拉链

13cm　18cm

14cm

图B

气眼装订

7cm

7cm

领子编织图

双罗纹编织

18cm 64行

32cm 90针

双罗纹编织图

【成品尺寸】衣长55cm　胸围960cm　袖长70cm

【工具】13号棒针

【材科】乳白色羊毛线

【密度】$10cm^2$：30针×40行

【附件】拉链1条

【制作方法】1.后片：起144针，衣脚织8cm长的双罗纹针，然后织下针，织32cm后按后片编织图减针。

2.前片：起41针，先织8cm长的双罗纹针，然后织下针，并按编织图示减针。

3.袖片：起90针，织8cm长的双罗纹针，然后织下针，按袖片编织图示减针成袖山及插肩；缝合前、后片和袖片。

4.整理：从前领口处开始挑80针按图织帽子，然后顺沿帽沿挑针，织双罗纹针3cm宽，收针，装上拉链，完成。

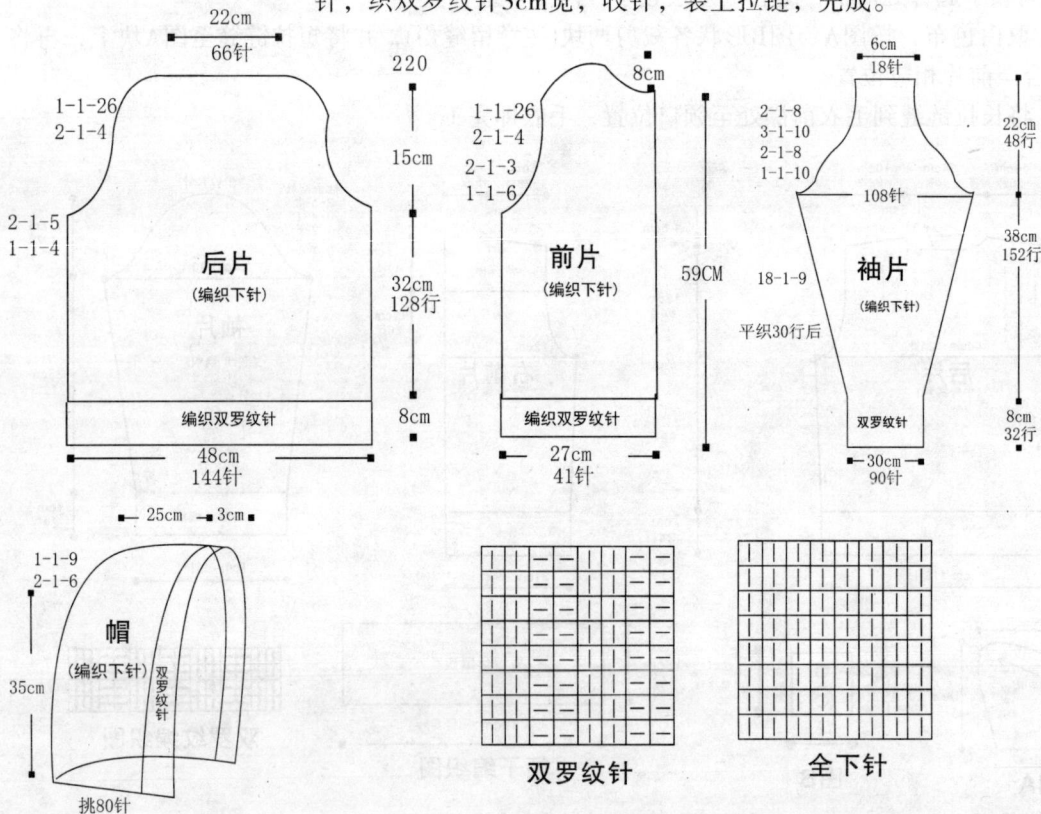

22cm
66针
1-1-26
2-1-4
2-1-5
1-1-4
后片
(编织下针)
编织双罗纹针
48cm
144针

220
15cm
32cm
128行
8cm

1-1-26
2-1-4
2-1-3
1-1-6
前片
(编织下针)
编织双罗纹针
27cm
41针

59CM

6cm
18针
2-1-8
3-1-10
2-1-8
1-1-10
108针
袖片
(编织下针)
18-1-9
平织30行后
双罗纹针
30cm
90针

22cm
48行
38cm
152行
8cm
32行

25cm　3cm
1-1-9
2-1-6
帽
(编织下针)　双罗纹针
35cm
挑80针

双罗纹针

全下针

112

优雅立领装

【成品尺寸】衣长65cm　胸围96cm　肩宽38cm　袖长62cm

【工具】13号棒针

【材料】白色、红色、褐色、黑色羊毛绒线

【密度】10cm²：30针×40行

【制作方法】1.后片：起144针，织10cm双罗纹针后，按配色图样织37cm长，按编织图示减针成后片袖窿及后领口。

2.前片：起144针，织10cm双罗纹针，按图示配色花样织37cm长后按编织图示减针成前片袖窿及领口。

3.袖片：起78针，织10cm长双罗纹针后，按图示配色花样织，平织66行后，袖两侧每织10行放1针共放18针，织46cm长后按编织图减针成袖山。

4.缝合：将前、后片及袖片进行缝合后，在领口处挑130针，织双罗纹20cm长，收针，完成。

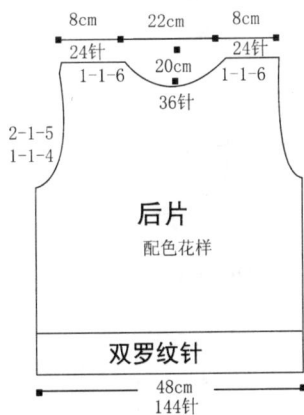

后片　配色花样

双罗纹针

48cm
144针

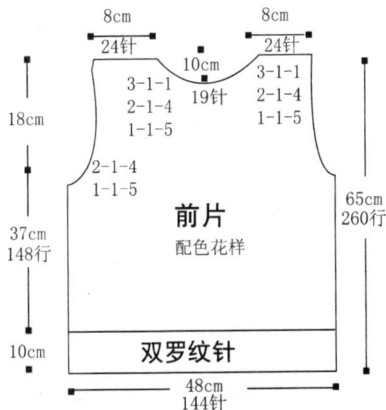

前片　配色花样

双罗纹针

48cm
144针

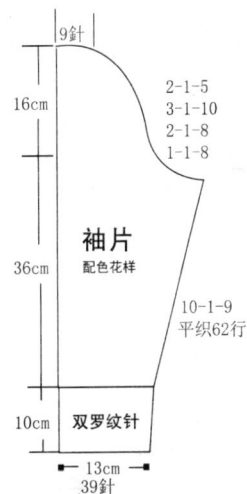

袖片　配色花样

双罗纹针

13cm
39針

领
（双罗纹针）

20cm

挑130针

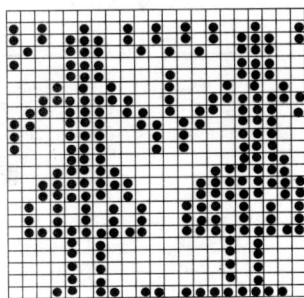

配色花样

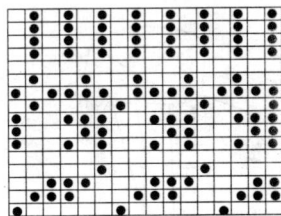

配色花样

【成品尺寸】衣长65cm　胸围96cm　肩宽31cm　袖长62cm

【工具】13号棒针

【材料】红色、白色、灰色、黑色、黄色羊毛绒线

【密度】10cm²：30针×40行

【附件】纽扣3枚

【制作方法】1.后片：起144针，织8cm双罗纹针后，按配色图样织20cm长，用红色线织下针29cm后，按编织图示减针成后衣片袖窿及后领口。

2.前片：起144针，织8cm双罗纹针后，按图示配色花样织20cm长，用红色线织下针29cm后，按编织图示减针成前衣片袖窿及领口。

3.袖片：起78针，织8cm长双罗纹针后，按图示配色花样织，平织6行后，袖两侧每织10行放1针共放18针；织46cm长后按编织图减针成袖山。

4.缝合：将前、后片及袖片进行缝合，在领襟两侧挑68针织双罗纹针3cm长收针，领织190针，织双罗纹5cm长，收针，领襟处钉3枚扣子，完成。

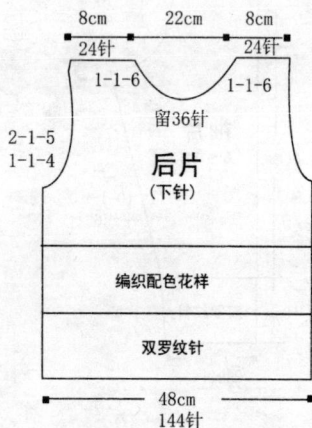

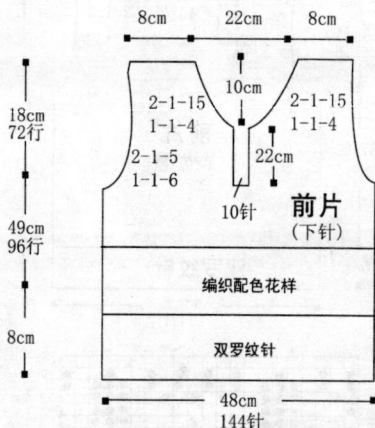

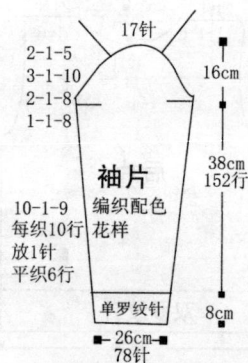

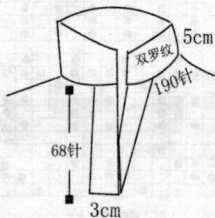

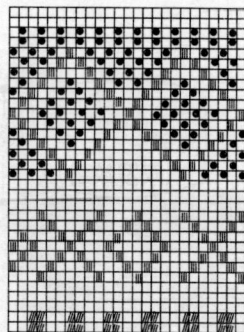

配色花样

短款高领装

【成品尺寸】衣长50cm　胸围96cm

【工具】4mm棒针、5mm棒针各4根

【材料】红色粗羊毛线

【密度】10cm²：11针×18行

【制作方法】1.用直径4mm的棒针起100针，织单罗纹8cm长，改用5mm棒针按前片和后片编织花样织10cm长，然后分前、后两片照编织图及编织花样编织，前片织44cm长，后片织48cm长。

2.用直径4mm的棒针从衣片分叉处起挑30针织5cm长的单罗纹针收针成袖口，前、后片的袖口均以同样的方法编织。在两边衣肩处两片袖口交叉处挑6针。

3.连接前、后衣片织4cm长，改用直径4mm棒针编织单罗纹针，长30cm，成衣高领，收针完成。

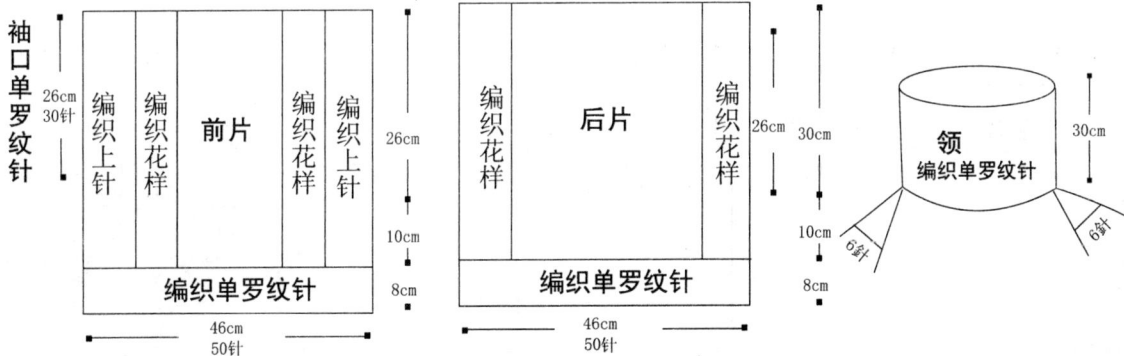

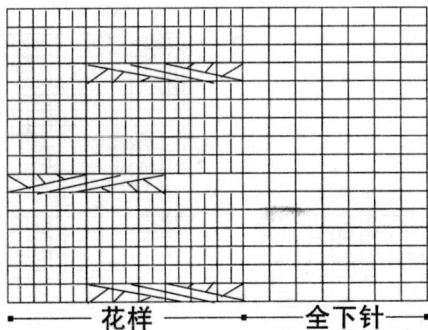

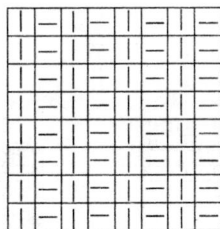

袖口单罗纹针

26cm 30针

编织上针　编织花样　前片　编织花样　编织上针

编织单罗纹针

26cm

10cm

8cm

46cm 50针

编织花样　后片　编织花样

编织单罗纹针

26cm

30cm

10cm

8cm

46cm 50针

领 编织单罗纹针

30cm

10cm

8cm

6针

6针

花样　全下针

单罗纹

【成品尺寸】胸围96cm　衣长60cm　肩宽42cm

【工具】4mm棒针

【材料】灰色中粗羊毛线

【密度】10cm²：15针×20行

【制作方法】1.后片：起72针，衣脚织8cm长的单罗纹针，然后编织下针，长36cm后按衣后片编织图减针成后片袖窿和领口。

2.前片：起72针，先织8cm长的单罗纹针，然后织花样36cm长后，按衣前片编织图减针成前衣片袖窿和领口。

3.缝合：将前、后片进行缝合，在袖窿片挑55针织3cm宽的单罗纹针。

4.领：挑100针，编织下针，且在两边衣肩处每织5行放1针，共放40针，加至140针，领口织1cm的扭针单罗纹针，收针，完成。

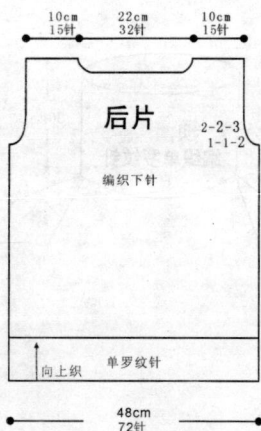

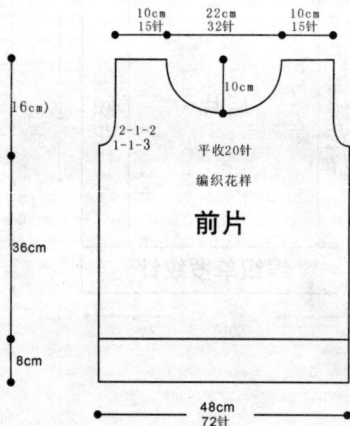

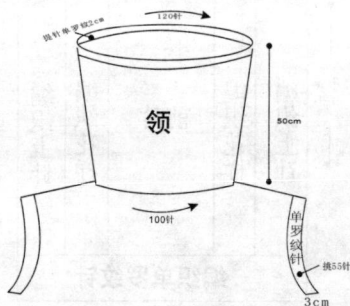

后片

10cm 15针　22cm 32针　10cm 15针

编织下针

2-2-3 1-1-2

向上织　单罗纹针

48cm 72针

16cm

36cm

8cm

前片

10cm 15针　22cm 32针　10cm 15针

10cm

平收20针 编织花样

2-1-2 1-1-3

48cm 72针

领

120针

扭针单罗纹针2cm

挑针单罗纹针2cm

50cm

100针

单罗纹针

挑55针

3cm

下针

19
14.13.12 11

扭针单罗纹

12 11 10 9 8 7 6 5 4 3 2 1

单针罗纹

12 11 10 9 8 7 6 5 4 3 2 1

编织花样

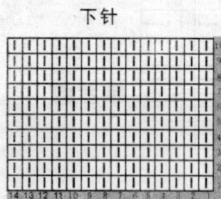

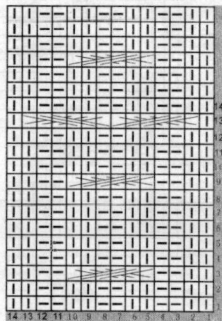

14针14行一花样

14针13 12 11

116

条纹高领装

【成品尺寸】胸围86cm　衣长72cm

【工具】10号棒针　8号棒针

【材料】灰色毛线350g　蓝色毛线200g

【密度】10cm²：25针×28行

【制作方法】1.由左侧起86针每两行左侧加2针，然后左侧一次加34针，平织28行留前领窝，左侧平收14针，然后每2行减2针减5次，每2行减1针减4次，8行平织，再每2行加1针加4次，每行加2针加5次，再一次加14针，平织28行，留右侧袖窿，左侧平收34针，再按每2行减2针减5次。再按同前片相同的方法，织后片的袖窿，后领窝按图示减针方法织出。

2.衣片织好后缝合，挑衣边，挑240针织单罗纹。

3.挑领，织花样，织24cm。

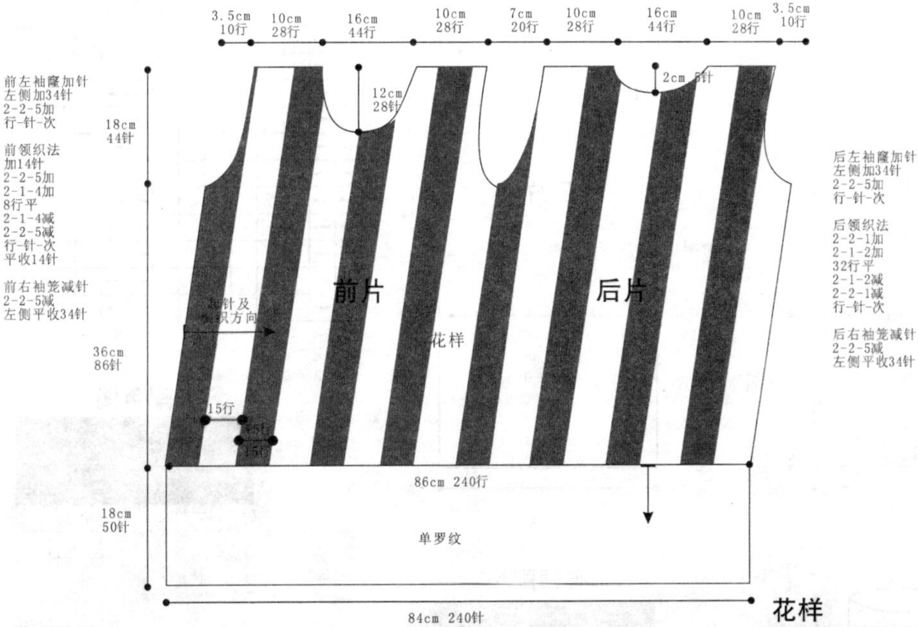

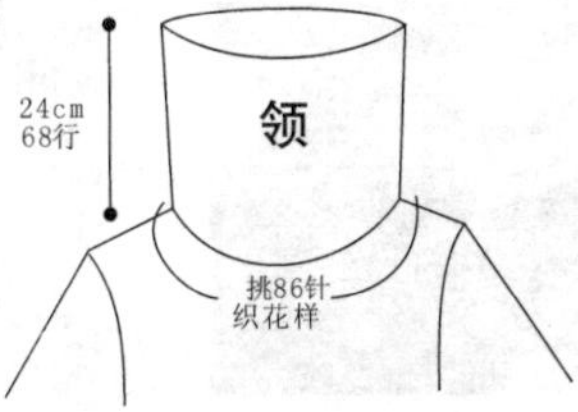

| 3.5cm 10行 | 10cm 28行 | 16cm 44行 | 10cm 28行 | 7cm 20行 | 10cm 28行 | 16cm 44行 | 10cm 28行 | 3.5cm 10行 |

前左袖窿加针
左侧加34针
2-2-5加
行-针-次

前领织法
加14针
2-2-5加
2-1-4加
8行平
2-1-4减
2-2-5减
行-针-次
平收14针

前右袖笼减针
2-2-5减
左侧平收34针

18cm 44针

12cm 28行

2cm 6针

36cm 86针

起针及织方向

前片

花样

后片

后左袖窿加针
左侧加34针
2-2-5加
行-针-次

后领织法
2-2-1加
2-1-2加
32行平
2-1-2减
2-1-1减
行-针-次

后右袖笼减针
2-2-5减
左侧平收34针

15行

18cm 50针

86cm 240行

单罗纹

84cm 240针

花样

24cm 68行

领

挑86针
织花样

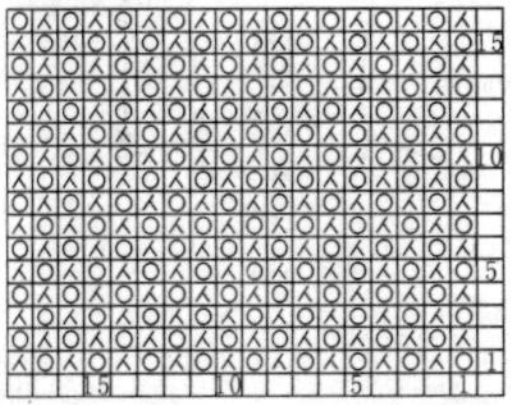

【成品尺寸】胸围88cm　肩宽36cm　衣长82cm

【工具】2.5mm棒针

【材料】美丽奴羊毛线米色200g　紫色200g　玫红100g　白色100g

【密度】10cm²：28针×37行

【制作方法】1.后片：用紫色线起124针，先编织2cm双罗纹针，然后改织平针，并按图示配色，织28cm后编织花样，32cm后收袖窿，在离衣长3cm处收后领。

　　2.前片：编织方法同后片，在离衣长6cm处收前领。

　　3.缝合：将前、后两片缝合，领口如图起挑出124针，编织双罗纹针并按图示配色。织18cm后结束。

　　4.整理：袖口挑起相应的针数，编织双罗纹针2cm。

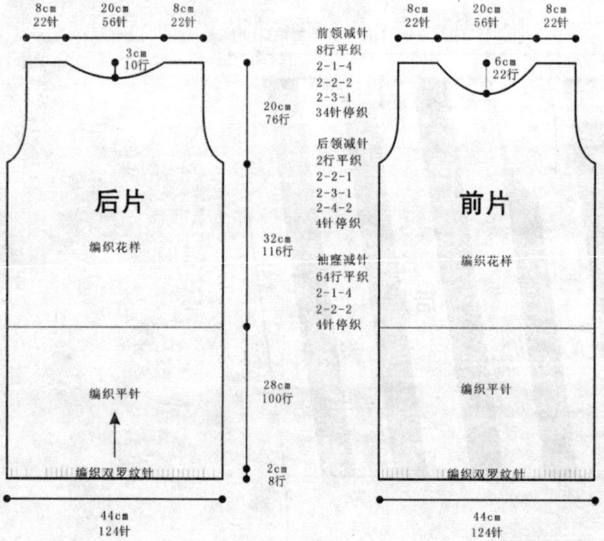

后片

8cm 22针　20cm 56针　8cm 22针

3cm 10行

20cm 76行

32cm 116行

编织花样

28cm 100行

编织平针

2cm 8行

编织双罗纹针

44cm 124针

前片

8cm 22针　20cm 56针　8cm 22针

6cm 22行

前领减针
8行平织
2-1-4
2-2-2
2-3-1
34针停织

后领减针
2行平织
2-2-1
2-3-1
2-4-2
4针停织

袖窿减针
64行平织
2-1-4
2-2-2
4针停织

编织花样

编织平针

编织双罗纹针

44cm 124针

领

18cm 54行

58针

双罗纹编织

66针

花样针法

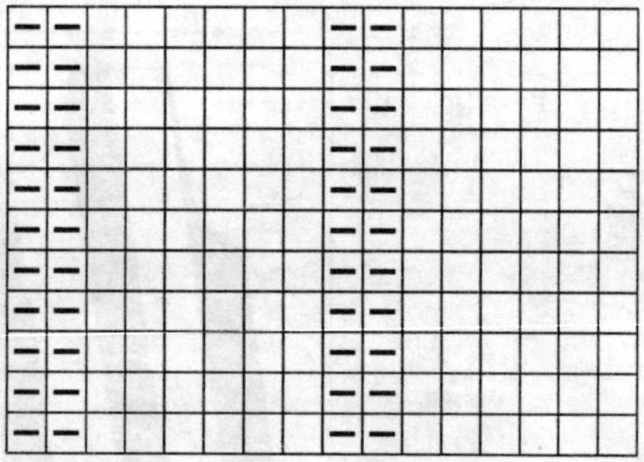

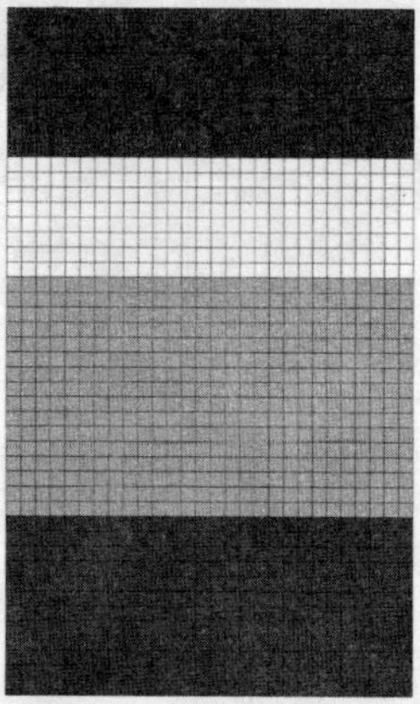

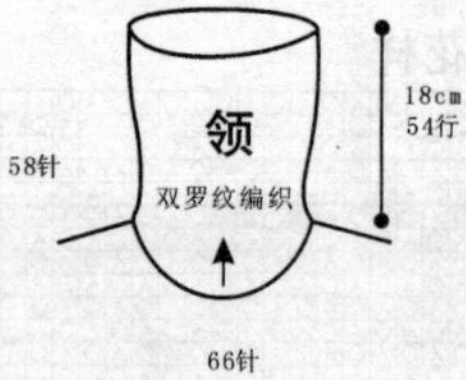

衣领配色

配色图

118

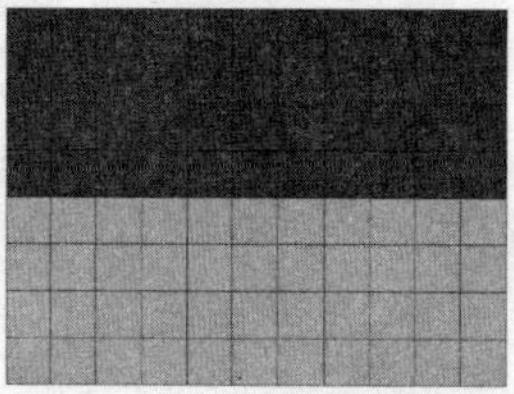

长款高领装

【成品尺寸】胸围88cm　肩宽38cm　衣长86cm　袖长56cm

【工具】2mm棒针

【材料】灰色意大利羊毛线500g　藏蓝色意大利羊毛线150g

【密度】10cm²：32针×45行

【制作方法】1.后片：起148针编织双罗纹针8cm后收袖窿，织15cm收后领。

2.前片：编织方法同后片。

3.袖片A：起96针，编织双罗纹针，织8cm后收袖山，编织两片。

4.下摆横织：起195针，编织平针，每26行加一个配色花样，并如图进行引退针增长行数。左侧86cm，右侧118cm结束。

5.袖片B：起116针，编织平针，每26行加一个配色花样，编织30cm，编织两片。

6.领片：起96针，编织平针，每26行增加一个配色花样，并如图示进行引退针编织。左侧42cm，右侧59cm后结束。

7.缝合：先把上半部分的前、后片与袖片缝合好，然后再把衣摆86cm的那侧与前、后片A缝合，两头再对接好。袖片B30cm的一侧与袖片A缝合，两头对接好。领片小的那侧与领口缝合，两头对接好。

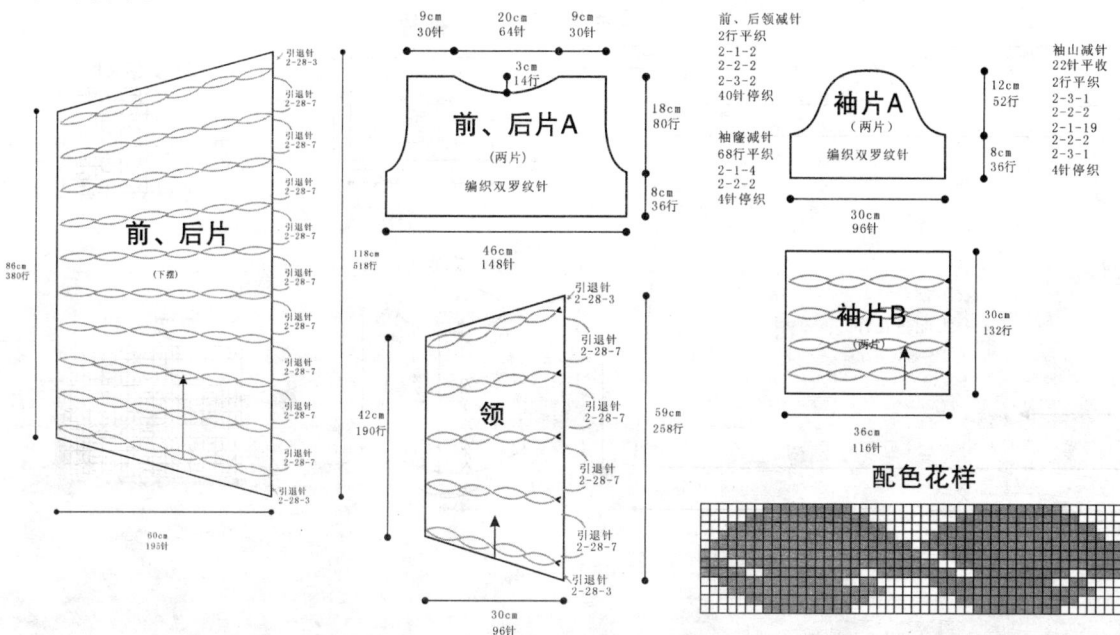

前、后片（下摆）

引退针
2-28-3
引退针
2-28-7
引退针
2-28-7
引退针
2-28-7
引退针
2-28-7
引退针
2-28-7
引退针
2-28-7
引退针
2-28-7
引退针
2-28-3

86cm 380行

60cm 195针

前、后片A（两片）编织双罗纹针

9cm 30针　20cm 64针　9cm 30针

3cm 14行

18cm 80行

8cm 36行

118cm 518行

46cm 148针

领

42cm 190行

引退针 2-28-3
引退针 2-28-7
引退针 2-28-7
引退针 2-28-7
引退针 2-28-7
引退针 2-28-3

59cm 258行

30cm 96针

袖片A（两片）编织双罗纹针

前、后领减针
2行平收
2-1-2
2-2-2
2-3-2
40针停织

袖窿减针
68行平收
2-1-4
2-2-2
4针停织

袖山减针
22针平收
2行平收
2-3-1
2-2-2
2-1-19
2-2-2
2-3-1
4针停织

12cm 52行

8cm 36行

30cm 96针

袖片B（两片）

30cm 132行

36cm 116针

配色花样

119

【成品尺寸】胸围96cm　衣长70cm　肩宽38cm　袖长60cm

【工具】13号棒针

【材料】白色、深灰色羊毛绒线

【密度】10cm²：30针×40行

【附件】装饰扣2枚

【制作方法】1.前、后片上部：起144针，织单罗纹针10cm后，按编织图减针成前、后片袖窿及领口；袖起96针，织双层下针2cm长，再编织下针22cm长，然后织单罗纹针26cm后，按编织图减针成袖山；

2.前、后片下部：起216针，按编织方向织配色花样，按编织图每织7行后，织下针62cm长，再往回织，一共56次。

3.领：起200针，按领口编织图示织双罗纹针30cm长收针。

4.缝合：将前、后片上下部分、袖子、领子缝合，在领处钉上装饰扣，完成。

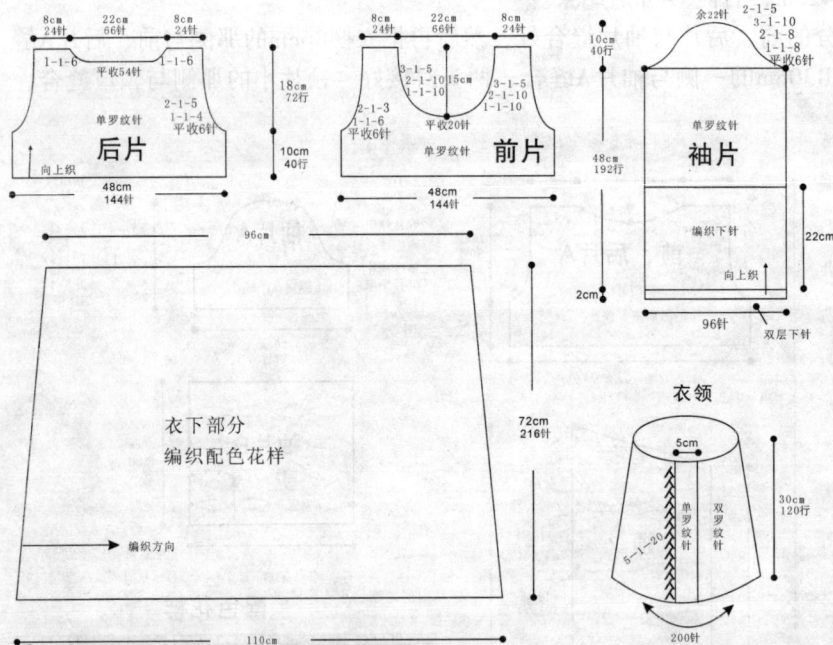

配色花样
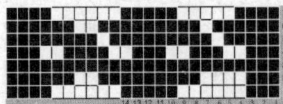

单罗纹针
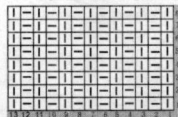

双罗纹针

休闲翻领装

【成品尺寸】胸围92cm　肩宽38cm　衣长56cm　袖长58cm

【工具】3mm棒针　2号钩针　纽扣2枚

【材料】湖蓝色600g　藏蓝色200g

【密度】10cm²：24针×32行

【附件】纽扣2枚

【制作方法】1.后片：用藏蓝色线起110针编织双罗纹针8cm，然后改用湖蓝色线编织平针，织28cm后收袖窿，在离衣长3cm时收后领。

2.前片：编织方法与后片相同，在离衣长10cm时收前领，编织两片。

3.前、后贴片都有藏蓝色线编织，后贴片起92针，编织双罗纹针12cm后收后领。前片贴起46针，编织双罗纹针，织5cm后收前领，编织两片。

4.袖片：用藏蓝色线起52针，编织双罗纹针，并如图示进行加针，织8cm后改用湖蓝色线编织平针，织38cm后收袖山，编织两片。

5.领：起124针，编织双罗纹针20cm。

6.口袋：用藏蓝色线起60针，编织平针15cm，编织两片。用钩针钩两枚纽扣。

7.缝合：先将前、后贴片缝在前、后片上，然后再进行前、后片的缝合，上袖子与领子。最后把口袋缝上，缝的时候注意口袋中间上下各打一个大褶，再缝一个纽扣装饰。

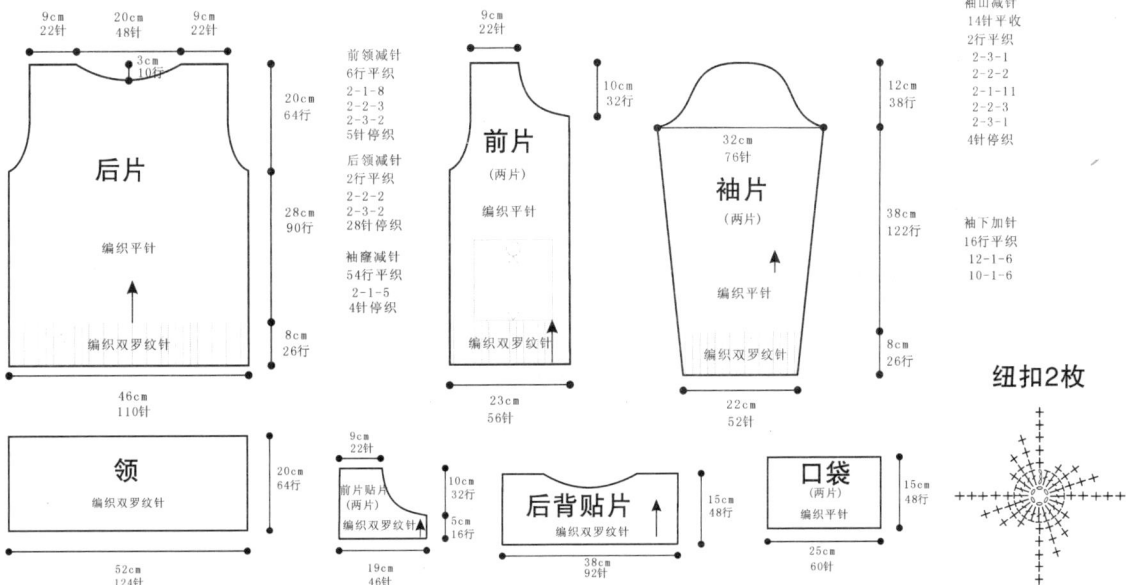

后片

9cm 22针　20cm 48针　9cm 22针

3cm 10行

20cm 64行

28cm 90行

8cm 26行

编织平针

编织双罗纹针

46cm 110针

前领减针
6行平织
2-1-8
2-2-3
2-3-2
5针停织

后领减针
2行平织
2-2-2
2-3-2
28针停织

袖窿减针
54行平织
2-1-5
4针停织

前片（两片）

9cm 22针

10cm 32行

编织平针

编织双罗纹针

23cm 56针

袖片（两片）

32cm 76针

编织平针

编织双罗纹针

22cm 52针

12cm 38行

38cm 122行

8cm 26行

袖山减针
14行 平收
2行平织
2-3-1
2-2-2
2-1-11
2-2-3
2-3-1
4针停织

袖下加针
16行平织
12-1-6
10-1-6

领

编织双罗纹针

20cm 64行

52cm 124针

前片贴（两片）

9cm 22针

10cm 32行

5cm 16行

编织双罗纹针

19cm 46针

后背贴片

编织双罗纹针

15cm 48行

38cm 92针

口袋（两片）

编织平针

15cm 48行

25cm 60针

纽扣2枚

【成品尺寸】胸围86cm　肩宽36cm　袖长60cm　衣长75cm

【工具】3号棒针　2mm钩针

【材料】金丝蓝色毛线1400g　白色毛线150g

【密度】10cm²：40针×60行

【制作方法】1.前片：用双罗纹起针法起172针，双罗纹针编织3cm；按下摆减针下针编织32cm后按下摆加针下针织17cm；接下去配色下针编织（6行白色6行蓝色）；按下摆加针织5cm后按袖窿减针及前领减针织出袖窿和前领。

2.后片：类似于前片，不同为都为同色编织，开领见后领减针。

3.袖片(两片)：用普通起针法起128针，扭针编织20cm；按袖下加针下针织20cm；按袖山减针下针织13cm后收针，织完后袖下缝合，特别注意下摆打褶处。下摆挑96针，双罗纹编织7cm，按相同方式织出另一片袖片。

4.整理：前片和后片肩部、腋下缝合，装袖。

5.挑领：前领和后领分别挑40针、80针、40针，扭针单罗纹编织7cm。

6.花边(两条)：用2mm钩针起15cm锁针，然后按图解钩织，按相同方式钩出另一条，钩完后缝在前片上。

前片

10cm 40针　16cm 64针　10cm 40针

前领减针
平织10行
4-1-2
2-1-8
2-2-4
2-3-2
2-4-1
行针次

8cm 48针
-32针

18cm 108行

5cm 30行　配色下针编织（6行白色6行蓝色）　-14针

17cm 102行

+12针 下摆加针 平织6行 8-1-12 行针次

前片 下针

32cm 192行

-12针 下摆减针 平织14行 14-1-7 16-1-5 行针次

编织方向

3cm 18行　双罗纹编织

43cm 172针

后片

10cm 40针　16cm 64针　10cm 40针

1.5cm 8针

后领减针
2-1-2
2-2-1
2-3-1
平织50行
行针次

-14针
袖窿减针
平织92行
4-1-1
2-1-4
2-3-1
行针次

+12针 下摆加针 平织6行 行针次

后片 下针

-12针

编织方向

双罗纹编织

43cm 172针

袖片

8cm 32针

袖山减针
2-4-1
2-3-3
2-2-5
2-1-25
2-2-4
2-3-2
行针次

13cm 78行　-60针

38cm 152针

20cm 120行　下针　+12针　袖下加针 8-1-4 10-1-8 行针次

20cm 120行　扭针 编织方向

32cm 128针

7cm 42行　双罗纹编织

24cm 96针

双罗纹

						6
						1
8	7	5	4	3	2	1

扭针单罗纹图解

8	7	6	5	4	3	2	1

花边

领

10cm 60行　编织方向　领　扭针单罗纹

前40针　后80针　前40针

秀美立领装

【成品尺寸】胸围84cm　肩宽38cm　衣长53cm　袖长58cm
　　　　　　领围44cm

【工具】5号棒针

【材料】灰黑色毛线500g　白色毛线200g　灰色毛线100g

【密度】$10cm^2$：21针×31行

【附件】纽扣11枚　装饰小花4朵

【制作方法】1.前片：配色从左到右依次为白、灰、白、灰、白、灰。针数为图上所示，每2行不同色往前移一针。用普通起针法起90针，上针编织2cm；配色并编织花样29cm；按袖窿减针及前领减针织出袖窿和前领。

2.后片：类似于前片，不同为不用换线，用灰黑线一直往上织，开领见后领减针。

3.袖片左：配色从下往上依次为白、灰、白、灰、白、灰、白，行数为图上所示。用普通起针法起52针，上针编织2cm；按袖下加针花样配色编织41cm；按袖山减针配色编织袖山。

4.袖片右：类似袖片左，不同为不用换色，用灰黑色毛线编织。

5.整理：在前片指定位置钉上11枚纽扣并缝上4朵小花；前片和后片肩部、腋下缝合；袖下缝合，装袖。

6.领：圈织；前片和后片各挑38针、54针，双罗纹编织15cm后双罗纹针收针。

前片

后片

袖片左

领（圈织）

双罗纹

花样

123

【成品尺寸】胸围92cm　　肩宽38cm　　衣长56cm　　袖长58cm

【工具】3mm棒针

【材料】夹花毛线军绿色600g、灰色200g、杏色100g

【密度】$10cm^2$：24针×32行

【附件】纽扣6枚

【制作方法】1.后片：起110针编织花样38cm后收袖窿，在离衣长3cm时收后领。

2.前片套衫部分：起110针编织花样38cm后收袖窿，在离衣长6cm时收前领。

3.前片开衫部分：起58针，编织花样，注意用不同颜色线搭配，织38cm后收袖窿，3cm后收前领。编织两片，其中一片在门襟侧留纽洞。

4.袖片：起52针，编织花样并如图进行加针和用不同颜色线进行搭配，46cm后收袖山，编织两片。

5.缝合：先将前片里面和外面的衣片缝合在一起，然后再和后片缝合，接着上袖子。

6.领子圈挑120针，编织双罗纹针16cm。

7.整理：前片开衫门襟用编绳绕着缝在上面，然后缝好纽扣。

后片
编织花样

9cm 22针　　20cm 48行　　9cm 22针
3cm 10行
18cm 58行
38cm 122行
46cm 110针

前领减针
4行平织
2-1-4
2-2-2
2-3-2
20针停织
后领减针
2行平织
2-2-2
2-3-2
28针停织
袖窿减针
48行平织
2-1-5
4针停织

前片
(套衫部分)
编织花样

9cm 22针　　20cm 48行　　9cm 22针
6cm 20行
46cm 110针

前领减针
2行平织
2-1-24
3行停织

前片
(开衫部分)
(两片)
编织花样

9cm 22针
15cm 50行
24cm 58针

袖片
(两片)
编织花样

32cm 76针
12cm 38行
46cm 148行
22cm 52针

袖山减针
14针平收
2行平织
2-3-2
2-2-2
2-1-11
2-2-3
2-3-1
4针停织
袖下加针
16行平织
12-1-6
10-1-6

领
双罗纹编织
圈挑120针
16cm 52行

花样针法

【成衣尺寸】胸围92cm　肩宽38cm　衣长60cm　袖长58cm

【工具】3mm棒针

【材料】红咖啡色毛线400g　同色系松树纱200g

【密度】10cm²：24针×32行

【制作方法】1.后片：先用松树纱起110针，编织平针15cm，然后改用毛线编织25cm后收袖窿，在离衣长3cm处收后领。

　　2.前片：与后片相同，在离衣长6cm处收前领。

　　3.袖片：先用松树纱编织15cm后改用毛线编织31cm后收袖山，编织两片。

　　4.缝合：将前、后片与袖片缝合。

　　5.领：用松树纱起120针编织平针18cm。

　　6.整理：在前片相应的位置上绣上菱形块。

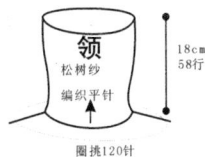

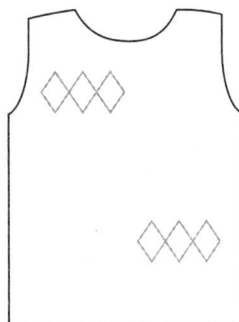

后片

9cm 22针　20cm 48针　9cm 22针

3cm 10行

前领减针
4行平织
2-1-3
2-2-3
2-3-2
18针停织

20cm 62行

后领减针
2行平织
2-2-2
2-3-2
28针停织

编织平针

25cm 80行

袖窿减针
52针平织
2-1-5
4针停织

松树纱

15cm 48行

46cm 110针

前片

9cm 22针　20cm 48针　9cm 22针

6cm 20行

编织平针

松树纱

46cm 110针

袖片
（两片）

32cm 76针

12cm 38行

袖山减针
12针平收
2行平织
2-3-1
2-2-2
2-1-11
2-2-2
2-3-1
4针停织

31cm 100行

编织平针

袖下加针
16行平织
12-1-6
10-1-6

松树纱

15cm 48行

22cm 52针

领

18cm 58行

松树纱

编织平针

圈挑120针

毛毛儿翻领装

【成品尺寸】胸围88cm　肩宽36cm　衣长55cm　袖长56cm

【工具】3mm棒针

【材料】橘色毛线600g　松树纱150g

【密度】10cm²：18针×24行

【附件】拉链1条　黑白AB线

【制作方法】1.后片起80针用松树纱编织6cm平针后，用橘色毛线编织反针，织31cm后收袖窿，在离衣长3cm处收后领。

　　2.前片用松树纱起40针编织6cm平针后，开始织花样，如图所在相应的位置开始或结束花样编织，改织反针，编织31cm后收袖窿，8cm后收前领。

　　3.袖片先用松树纱起44针，先织6cm平针，然后改织花样，并按图所示进行加针，织38cm后收袖山，编织两片。

　　4.领用松树纱挑86针，编织平针15cm，并按图收针。

5.门襟装拉链，并编织两条4针宽、45cm长的长条，缝在门襟上盖住拉链。

6.用黑白AB线在衣片花样上缝"V"形进行装饰。

后片

9cm 16针　18cm 32针　9cm 16针

3cm 8行

18cm 44行

31cm 74行

6cm 14行

编织反针

松树纱

44cm 80针

后领减针
2行平织
2-1-1
2-2-1
2-4-1
18针停织

袖窿减针
36行平织
2-1-4
4针停织

前片（两片）

9cm 16针

10cm 24行

松树纱

22cm 40针

前领减针
8行平织
2-1-4
2-2-2
6针停织

袖片（两片）

32cm 58针

编织花样

松树纱

24cm 44针

12cm 28行

38cm 92行

6cm 14行

袖山减针
10针平收
2行平织
2-3-1
2-2-2
2-1-8
2-2-1
2-3-1
4针停织

袖下加针
8行平织
12-1-7

领片

15cm 36行

挑86针

领片减针
2-1-3

花样针法

【成品尺寸】胸围92cm 肩宽37cm 衣长57cm 袖长65cm

【工具】5mm棒针

【材料】红棕色毛线400g

【密度】10cm²：12针×16行

【附件】翻毛面料1m 牛角扣3枚

【制作方法】1.后片：起56针，编织平针15cm后收袖窿，再编织15cm后收后领。

2.前片：起28针，编织平针15cm后收袖窿和前领，编织两片(其中一片门襟处留纽洞)。

3.袖片：起30针，编织平针并如图示加针，31cm后收袖山，编织两片。

4.裁剪：用翻毛面料按图示裁剪衣后片下摆1片，前片下摆2片，袖口2片，领1片。

5.缝合：先把翻毛面料与编织衣片的各部分连接，然后再进行前后片与袖片的缝合，最后上领子，再把牛角扣缝好。

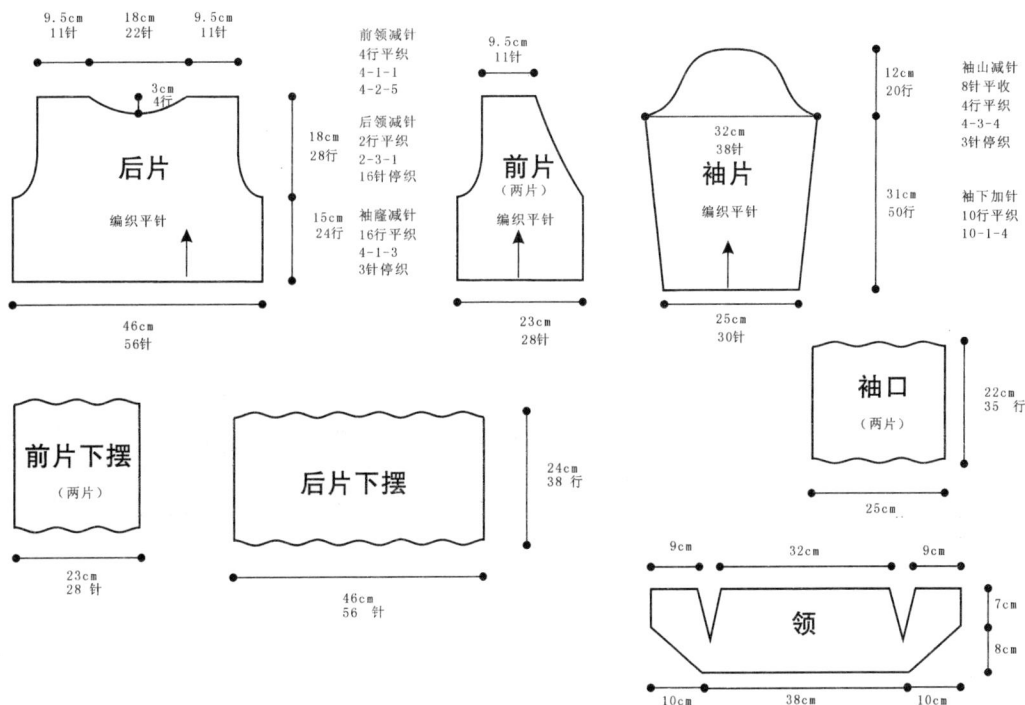

后片

9.5cm 11针　18cm 22针　9.5cm 11针

3cm 4行

18cm 28行

15cm 24行

编织平针

46cm 56针

后领减针
2行平织
2-3-1
16行停织

袖窿减针
16行平织
4-1-3
3针停织

前片
(两片)

9.5cm 11针

前领减针
4行平织
4-1-1
4-2-5

编织平针

23cm 28针

袖片

32cm 38针

编织平针

12cm 20行

31cm 50行

袖山减针
8针平收
4行平织
4-3-4
3针停织

袖下加针
10行平织
10-1-4

25cm 30针

前片下摆
(两片)

23cm 28针

后片下摆

46cm 56针

24cm 38行

袖口
(两片)

22cm 35行

25cm

领

9cm　32cm　9cm

7cm

8cm

10cm　38cm　10cm

127

雅致高领毛衣

【成品尺寸】衣长60cm　胸围96cm　肩宽38cm　袖长60cm

【工具】4mm棒针

【材料】灰色粗羊毛线

【密度】10cm²：15针×16行

【制作方法】1.后片：起72针织双罗纹针12cm长后，改织花样A，织42cm长按后片编织图减针成袖窿，织58cm长按编织图减针成后领口，衣长60cm。

　2.前片：起72针双罗纹编织12cm，改织花样B，织42cm长按衣前片编织图减针成袖窿，织47cm长按编织图减针成前领口。袖口起40针织双罗纹长12cm，改织花样A，织44cm长，按编织图减针成袖山。

　3.缝合：将前、后片及袖片进行缝合，在衣领口处挑100针，织双罗纹针，领高25cm，收针，完成。

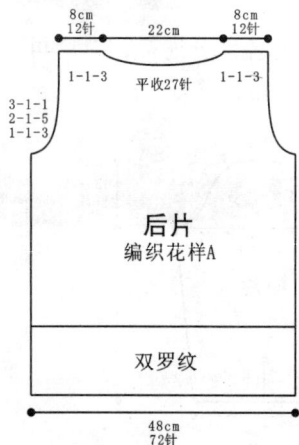

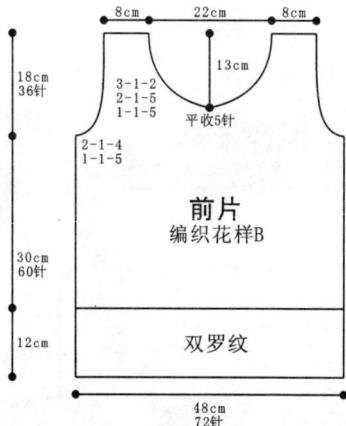

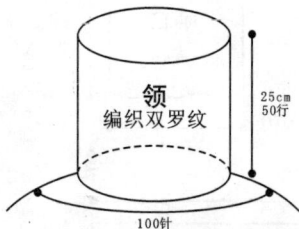

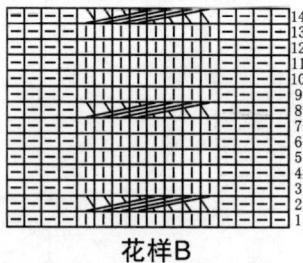

后片（编织花样A）

8cm 12针　22cm　8cm 12针

1-1-3　平收27针　1-1-3

3-1-1
2-1-5
1-1-3

18cm 36针

30cm 60针

12cm

双罗纹

48cm 72针

前片（编织花样B）

8cm　22cm　8cm

13cm

3-1-2
2-1-5
1-1-5

平收5针

2-1-4
1-1-5

双罗纹

48cm 72针

袖片 2片 编织花样A

7针

1-1-2
2-1-3
3-1-4
1-1-6

16cm

25针

32cm

12cm

每隔6行放1针共放4针

13cm 20针

领 编织双罗纹

25cm 50行

100针

花样B

14 13 12 11 10 9 8 7 6 5 4 3 2 1

花样A

双罗纹

【成品尺寸】胸围92cm　肩宽36cm　衣长56cm　袖长58cm

【工具】8mm棒针　5mm棒针

【材料】姜黄色棉线500g

【密度】$10cm^2$：9针×25行

【制作方法】1.前、后片相同，先用8mm棒针起42针，编织花样，注意花样用两种棒针交换使用，织38cm后收袖窿，在离衣长3cm时收领，编织两片。

　　2.袖片：起28针，和前、后片用同样的方法进行编织，织46cm后收袖山，编织两片。

　　3.缝合：将前、后片与袖片缝合起来。

　　4.领：用5mm的棒针挑起90针，编织双罗纹针20cm。

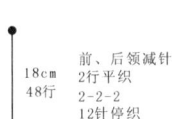

7cm　　22cm　　7cm
6针　　20针　　6针

3cm
6行

前、后片
编织花样

18cm
48行

前、后领减针
2行 平织
2-2-2
12针停织

38cm
90行

袖窿减针
44行平织
2-1-2
3针停织

46cm
42针

袖山减针
8针平收
2行平织
2-2-2
2-1-10
2-2-1
3针停织

12cm
26行

袖片

（两片）

编织花样

46cm
106行

32cm
28针

花样针法

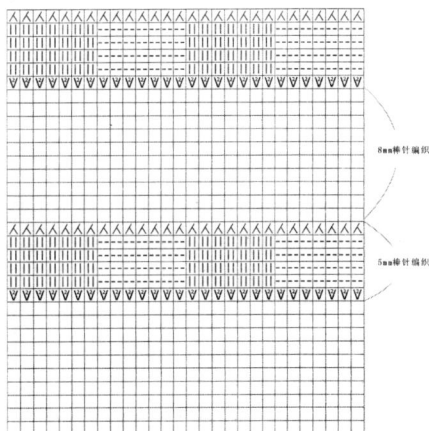

8mm棒针编织

5mm棒针编织

领片

编织双罗纹针

20cm
52行

50cm
90针

妩媚高领装

【成品尺寸】胸围88cm　肩宽36cm　衣长80cm

【工具】3.5mm棒针　1.75mm棒针

【材料】湖蓝色弹力特色线300g　同色手编羊绒250g

【密度】10cm²：18针×26行

【制作方法】1.前、后下片先用弹力特色线，用1.75mm棒针圈起440针编织20cm双罗纹针，然后改织平针38cm后收针。

2.后上片：用手编羊绒起80针编织平针，织10cm后收袖窿，织15cm后收后领。

3.前上片：用手编羊绒起80针，如图起编织花样，10cm后收袖窿，织13cm后收前领。

4.缝合：将前、后片缝合，然后再与圈织的前、后片下半部分缝合。

5.领：圈挑100针，编织双罗纹针18cm。

44cm

前、后片

（下半部分）

38cm
274行

20cm
144行

圈起440针

8cm 13针　　20cm 36针　　8cm 13针

3cm 8行

后上片

编织平针

18cm 46行

10cm 26行

44cm 80针

前领减针
4行平织
2-2-3
2-3-2
12针停织

后领减针
2行平织
2-2-2
2-3-1
22针停织

袖窿减针
36行平织
2-1-5
4针停织

8cm 13针　　20cm 36针　　8cm 13针

5cm 14行

前上片

编织花样

领

双罗纹编织

18cm 46行

圈挑100针

前片针法

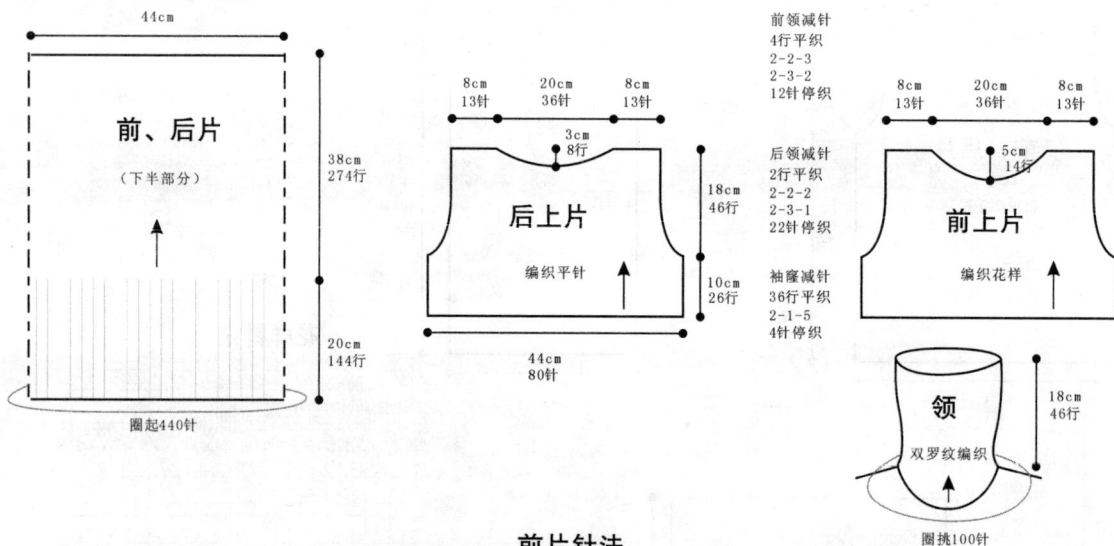

中心

【成品尺寸】胸围88cm　肩袖长71cm　领围44cm

【工具】5号棒针

【材料】蓝色马海毛毛线1500g

【密度】10cm²：29针×30行

【附件】圆形纽扣6枚

【制作方法】1.前片(左右两片)：双罗纹针起针法起60针，双罗纹针编织8cm；换花样时按每5针减1减10次减针，接下来按下摆减针花样编织27cm后按下摆加针下针织21cm；平收4针后按前袖窿减针(小燕子收针法)及前领减针织出前片。按相同方式对称地织出另一片前片。

　　2.后片：类似于前片，不同为起126针，两侧都要减针；袖窿减针见后袖窿减针(小燕子收针法)，袖窿织19cm后直接收针。

　　3.袖片(两片)：普通起针法起86针，按袖下减针花样编织35cm后按袖下加针下针织10cm；袖山按前袖窿和后袖窿减针，与前领窝相接处按袖领连接处减针织出袖片，按相同方式织出另一片袖片。

　　4.整理：前片与后片腋下缝合，袖片袖下缝合，袖片袖山与身片缝合。

　　5.挑领：前领、后领、袖山共挑112针，双罗纹编织6cm后双罗纹收针。

　　6.门襟(两条)：双罗纹针起针法起220针，双罗纹针编织4cm后收针，在指定位置开扣眼，织另一条不用开扣眼。织完后与前片缝合，在合适位置钉上纽扣。

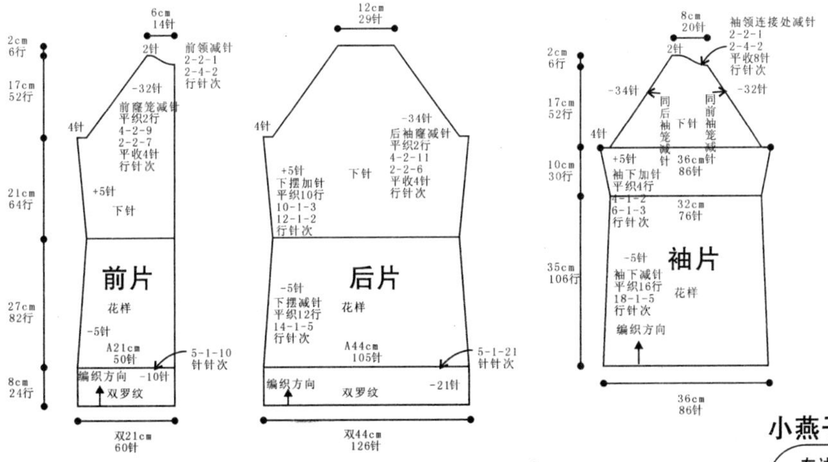

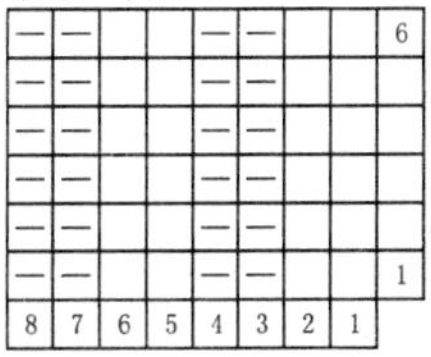

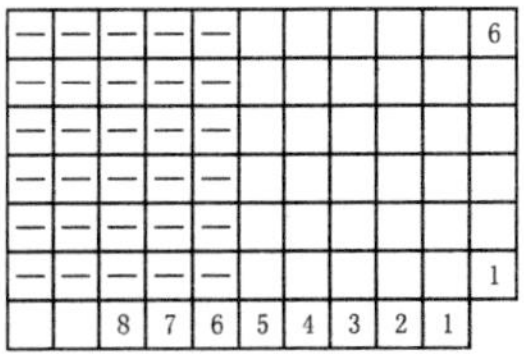

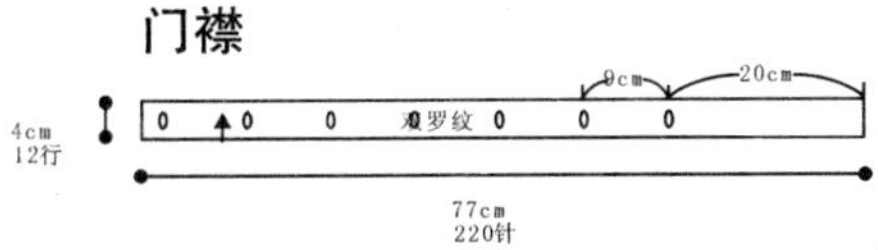

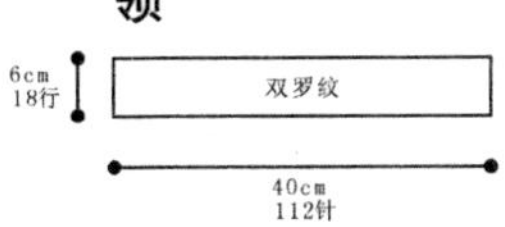

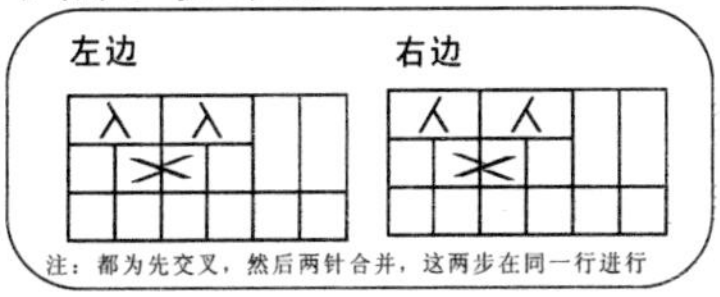

前片

后片

袖片

门襟

领

双罗纹

花样

小燕子收针法

左边　右边

注：都为先交叉，然后两针合并，这两步在同一行进行

131

甜美长袖毛衣

【成品尺寸】衣长65cm　胸围96cm　连肩袖长60cm

【工具】1.7mm棒针

【材料】蓝色、白色、红色纯羊毛线

【密度】10cm²：44针×55行

【制作方法】1.前片：按图起针，先织双层平针底边后，改织下针，并编入图案，至织完成。

2.后片：按图起针，先织双层平针底边后，改织下针，并编入图案，至织完成，袖窿和领窝按图加减针。

3.袖片：按图起针，先织双层平针底边后，改织下针，织至完成，袖片和袖山按图加减针，全部缝合。

4.领：挑198针，织24cm双罗纹，形成高领，完成。

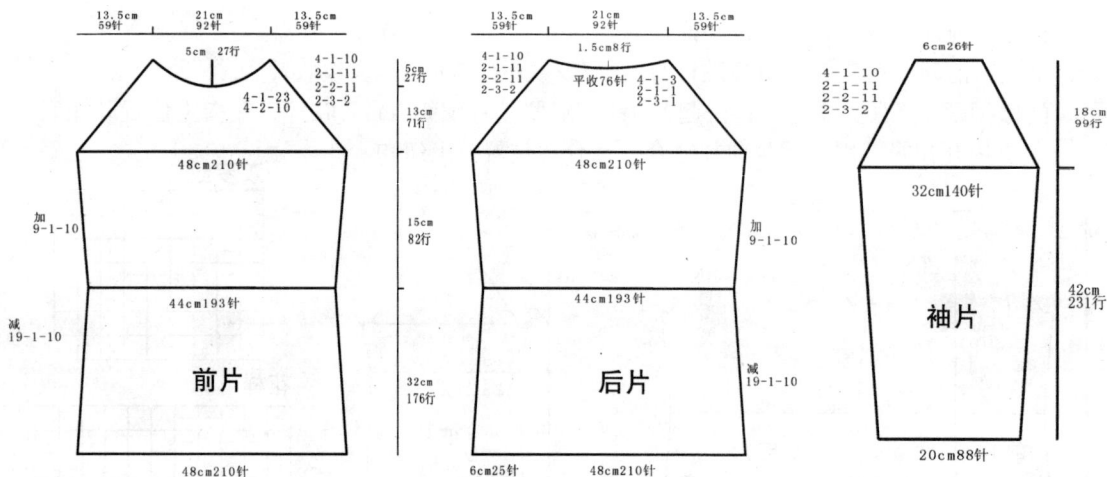

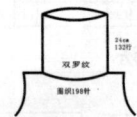

前片

13.5cm 59针　21cm 92针　13.5cm 59针

5cm 27行

4-1-10
2-1-11
2-2-11
2-3-2

5cm 27行

13cm 71行

48cm210针

加 9-1-10

15cm 82行

44cm193针

减 19-1-10

32cm 176行

48cm210针

后片

13.5cm 59针　21cm 92针　13.5cm 59针

1.5cm8行

4-1-10
2-1-11
2-2-11
2-3-2

平收76针

4-1-3
2-1-11
2-3-1

48cm210针

加 9-1-10

44cm193针

减 19-1-10

6cm25针　48cm210针

袖片

6cm26针

4-1-10
2-1-11
2-2-11
2-3-2

18cm 99行

32cm140针

42cm 231行

20cm88针

领子结构图

双罗纹
围织198针

双层平针底边图解

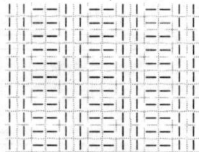

缝合

双罗纹

【成品尺寸】胸围84cm　衣长70cm　袖长48cm

【工具】10号棒针　7号棒针

【材料】深咖啡色绒线800g

【密度】10cm²：20针×20行

【编织方法】1.单片用7号棒针编织。前片起90针，后片起90针，织花样A，织16cm后换10号棒针织衣身。改织下针，织12cm后前片中间留18针织下针，两边分别织花样B，其他部分和后片织下针。按图解在腰的位置上分别减针再逐渐加针，按图示留出袖窿和领窝。

2.衣片织好后缝合，挑领，再另外织两个口袋穿上绳子做装饰，再缝在衣片上。

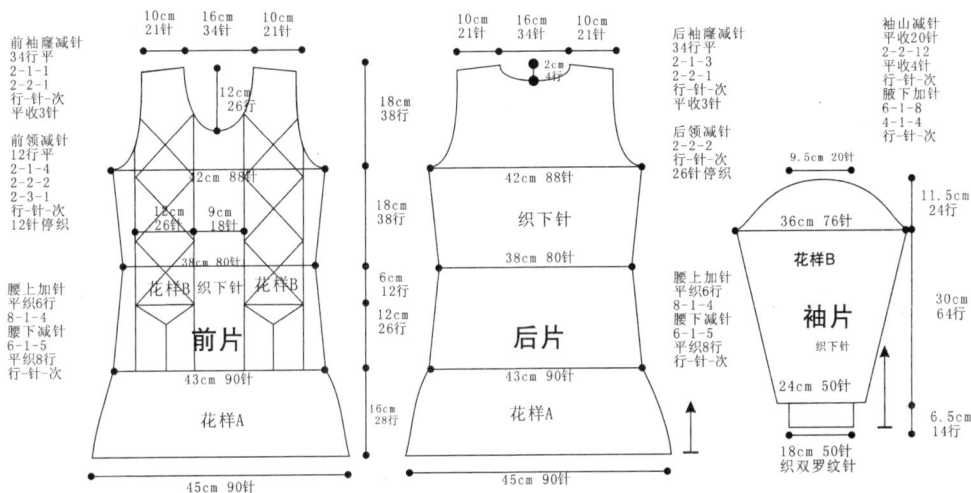

前袖窿减针
34行平
2-1-1
2-2-1
行-针-次
平收3针
前领减针
12行平
2-1-4
2-2-2
2-3-1
行-针-次
12针停织

腰上加针
平织6行
8-1-4
腰下减针
6-1-5
平织8行
行-针-次

10cm 21针　16cm 34针　10cm 21针
12cm 26行
12cm 88针
12cm 26行　9cm 18针
38cm 80针
花样B 织下针 花样B
前片
43cm 90针
花样A
45cm 90针

18cm 38行
18cm 38行
6cm 12行
12cm 26行
16cm 28行

后袖窿减针
34行平
2-1-3
2-2-1
行-针-次
平收3针
后领减针
2-2-2
行-针-次
26针停织

腰上加针
平织6行
8-1-4
腰下减针
6-1-5
平织8行
行-针-次

10cm 21针　16cm 34针　10cm 21针
2cm
42cm 88针
织下针
38cm 80针
后片
43cm 90针
花样A
45cm 90针

袖山减针
平收20针
2-2-12
平收4针
行-针-次
腋下加针
6-1-8
4-1-4
行-针-次

9.5cm 20针
36cm 76针
花样B
袖片
织下针
24cm 50针
18cm 50针
织双罗纹针

11.5cm 24行
30cm 64行
6.5cm 14行

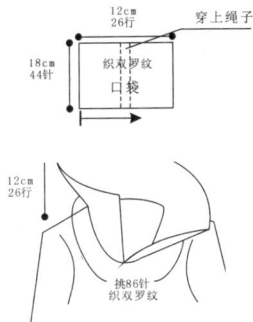

12cm 26行　穿上绳子
18cm 44针　织双罗纹　口袋

12cm 26行
挑86针
织双罗纹

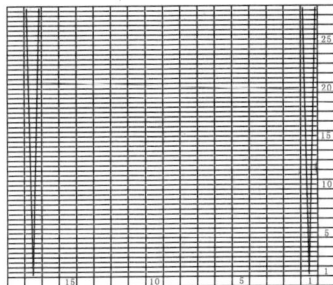

花样A

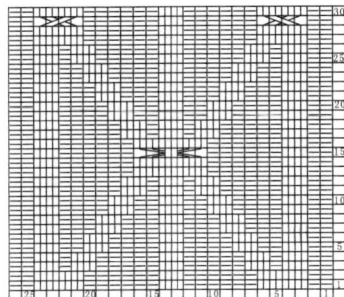

花样B

133

雪花垂坠领装

【成品尺寸】胸围88cm　肩宽36cm　衣长70cm　袖长58cm
　　　　　　领围48cm

【工具】4号棒针

【材料】灰色毛线450g　白色毛线500g

【密度】10cm²：22针×34行

【制作方法】说明：双罗纹处用白色线编织，花样A、花样B配色见图解，领最后2行用白色线编织。

　1.前片：双罗纹起针法起96针，双罗纹编织17cm；按下摆减针花样B编织12cm后按下摆加针花样B编织11cm；按下摆加针花样A编织10cm后按袖窿减针及前领减针织出袖窿和前领。

　2.后片：类似于前片，不同为开领见后领减针。

　3.袖片(两片)：双罗纹起针法起52针，双罗纹编织7cm；按袖下加针编织21cm花样B，以上都为花样A编织，织17cm后按袖山减针织出袖山，按相同方式织出另一片。

　4.整理：前片和后片肩部、腋下缝合，注意花纹交接处；袖片袖下缝合，装袖。

　5.挑领：圈织，前领和后领各挑64针、42针，花样A编织3cm后按领加针加至124针后继续往上织17cm后收针。

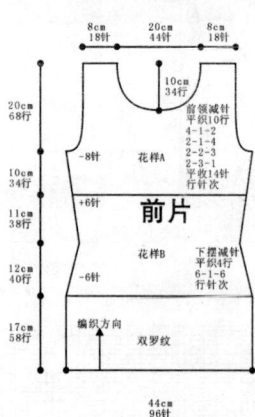

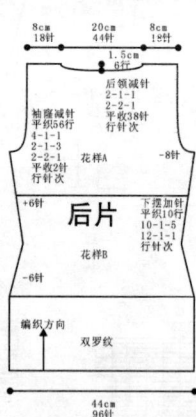

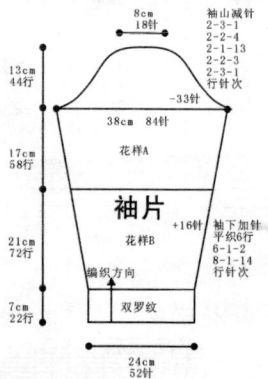

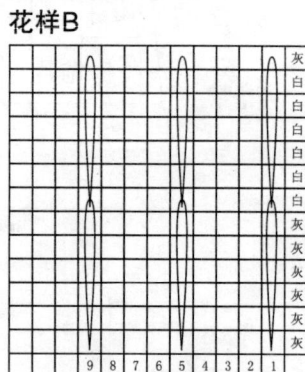

前片

- 8cm 18针　20cm 44针　8cm 18针
- 20cm 68行
- 10cm 34行　前领减针 平织10行 4-1-2 2-1-4 2-3-1 2-3-1 行针次
- -8针　花样A　-8针
- 10cm 34行
- +6针
- 11cm 38行
- 花样B　下摆减针 平织14行 6-1-6 行针次
- 12cm 40行
- -6针
- 17cm 58行
- 编织方向　双罗纹
- 44cm 96针

后片

- 8cm 18针　20cm 44针　8cm 18针
- 1.5cm 6行
- 后领减针 2-1-1 平收38针 行针次
- 袖窿减针 平织6行 4-1-1 2-1-3 2-2-1 2-3-1 平收2针 行针次
- 花样A　-8针
- +6针
- 下摆加针 平织10行 10-1-5 12-1-1 行针次
- 花样B
- -6针
- 编织方向　双罗纹
- 44cm 96针

袖片

- 8cm 18针　袖山减针 2-3-1 2-2-4 2-1-13 2-2-3 2-3-1 行针次
- 13cm 44行
- -33针
- 38cm 84针
- 17cm 58行　花样A
- 21cm 72行　花样B　+16针 袖下加针 平织6行 6-1-2 8-1-14 行针次
- 编织方向　双罗纹
- 7cm 22行
- 24cm 52针

花样B

					灰
					白
					白
					白
					白
					白
					白
					灰
					灰
					灰
					灰
					灰
9	8 7	6 5	4 3	2	1

注：灰色上针处拉针为白线，白色上针处拉针为灰色

双罗纹图解

		I		I				4
		I		I				3
		I		I				2
		I		I				1
8	7	6	5	4	3	2	1	

花样A

V		V		V				灰
								灰
V		V		V				白
								白
9	8	7	6	5	4	3	2 1	

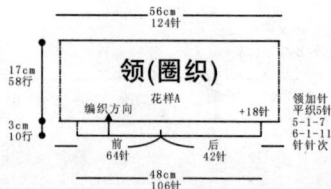

领(圈织)

- 56cm 124针
- 17cm 58行
- 花样A
- 3cm 10行
- 编织方向　+18针
- 领加针 平织5行 5-1-7 6-1-11 针针次
- 前64针　后42针
- 48cm 106针

【成品尺寸】胸围88cm　肩宽36cm　衣长60cm　袖长58cm

【工具】4号棒针

【材料】咖啡色毛线450g　白色毛线500g

【密度】10cm²：22针×34行

【制作方法】双罗纹处用白色线编织，花样A、花样B配色见图解，领最后2行用白色线编织。

　　1.前片：用双罗纹起针法起96针，双罗纹编织7cm；花样B编织23cm；花样A编织10cm后按袖窿减针及前领减针织出袖窿和前领。

　　2.后片：类似于前片，不同为开领见后领减针。

　　3.袖片(两片)：用双罗纹起针法起52针，双罗纹编织7cm；按袖下加针编织21cm花样B，以上都为花样A编织，织17cm后按袖山减针织出袖山。按相同方式织出另一片。

　4.缝合：前片和后片肩部、腋下缝合、注意花纹交接处；袖片袖下缝合、装袖。

　5.挑领：圈织，前领和后领分别挑64针、42针，花样A编织3cm后按领加针加至124针后继续往上织17cm后收针。

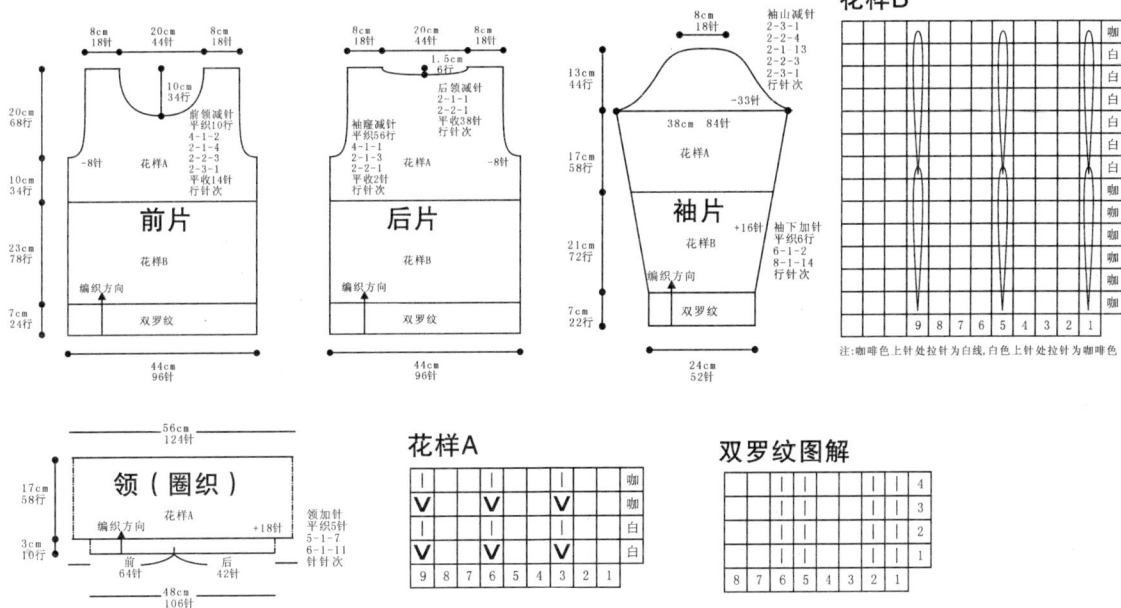

花样B

8cm
18针
袖山减针
2-3-1
2-2-4
2-1-13
2-2-3
2-3-1
行针次

13cm
44行

-33针

38cm 84针
花样A

17cm
58行

+16针 袖下加针
平织16行
6-1-2
2-1-14
行针次

21cm
72行

7cm
22行

24cm
52针

袖片
花样B

编织方向

双罗纹

注:咖啡色上针处拉针为白线，白色上针处拉针为咖啡色

前片

8cm
18针
20cm
44针
8cm
18针

20cm
68行

10cm
34行

前领减针
平织10行
4-1-2
2-1-4
2-2-3
2-3-1
行针次

-8针 花样A

平收14针
行针次

10cm
34行

23cm
78行

花样B

7cm
24行

编织方向

双罗纹

44cm
96针

后片

8cm
18针
20cm
44针
8cm
18针

1.5cm
6行

后领减针
2-2-1
行针次

袖窿减针
平织56行
4-1-1
2-1-3
2-2-1
平收38针
行针次

-8针 花样A

花样B

编织方向

双罗纹

44cm
96针

领（圈织）

56cm
124针

17cm
58行

花样A

+18针 领加针
平织5行
5-1-7
6-1-11
针针次

3cm
10行

编织方向

前
64针

后
42针

48cm
106针

花样A

								咖
∨		∨		∨				咖
								白
∨		∨		∨				白
9	8	7	6	5	4	3	2	1

双罗纹图解

							4
							3
							2
							1
8	7	6	5	4	3	2	1

修身长款毛衣

【成品尺寸】衣长75cm 胸围96cm 肩宽38cm 袖长15cm

【工具】13号棒针

【材料】深灰色羊毛绒毛线

【密度】10cm²：30针×36行

【制作方法】1.后片：起144针，织8cm单罗纹针，改织下针，织47cm长后按编织图示减针成后衣片袖窿及后领口。

2.前片：起144针，织8cm单罗纹针，改织下针，织47cm长后按编织图示减针成前衣片袖窿及领口。

3.袖片：在袖窿顶部挑60针，然后顺着袖窿每织2行挑1针，一共挑60针，织15cm长，收针。

4.领：挑80针，织双层下针，收针，完成。

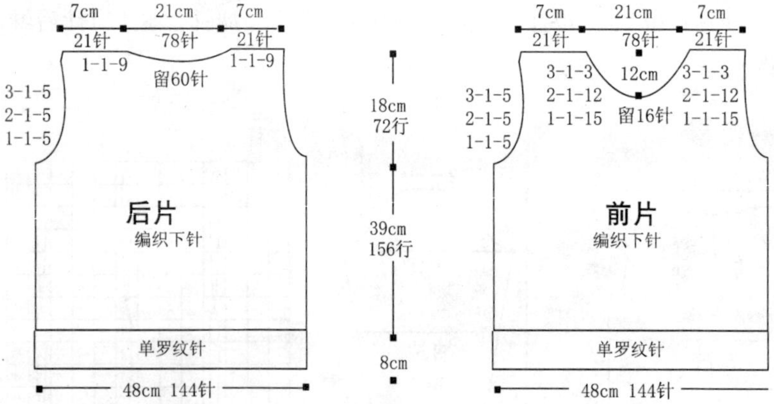

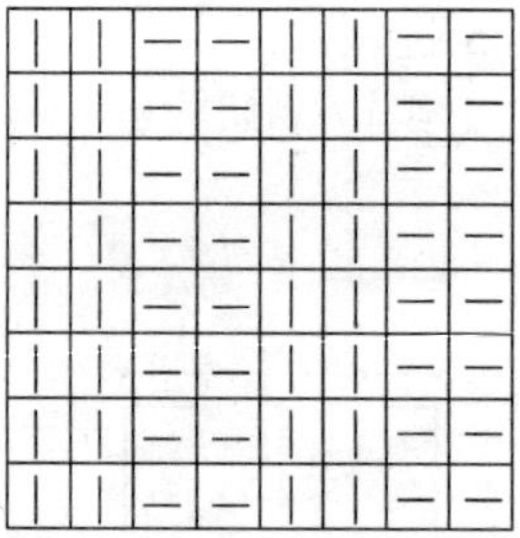

后片 编织下针

7cm / 21cm / 7cm
21针 / 78针 / 21针
1-1-9 / 留60针 / 1-1-9
3-1-5
2-1-5
1-1-5

单罗纹针

48cm 144针

18cm
72行

39cm
156行

8cm

前片 编织下针

7cm / 21cm / 7cm
21针 / 78针 / 21针
3-1-3 / 12cm / 3-1-3
2-1-12 / 留16针 / 2-1-12
3-1-5 / 1-1-15 / 1-1-15
2-1-12
1-1-5

单罗纹针

48cm 144针

双罗纹针

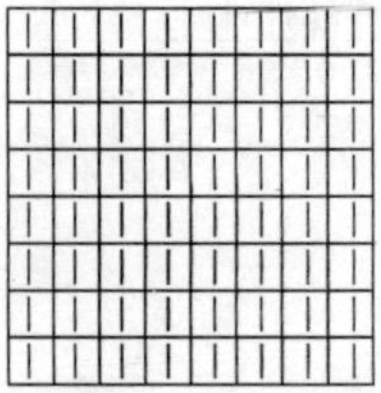

全下针

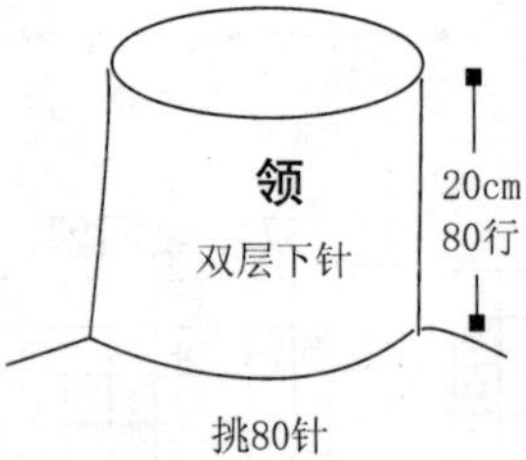

领 双层下针

20cm
80行

挑80针

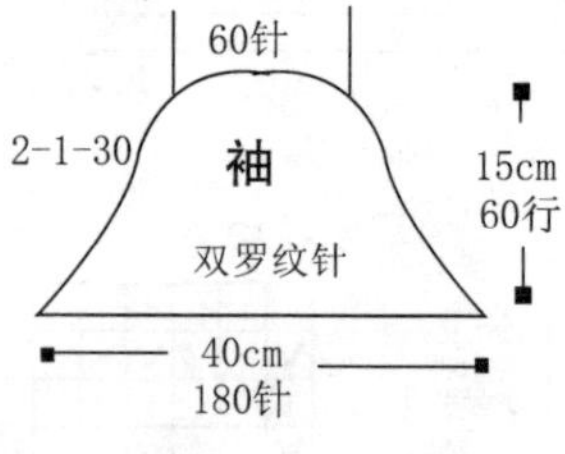

袖 双罗纹针

60针
2-1-30

15cm
60行

40cm
180针

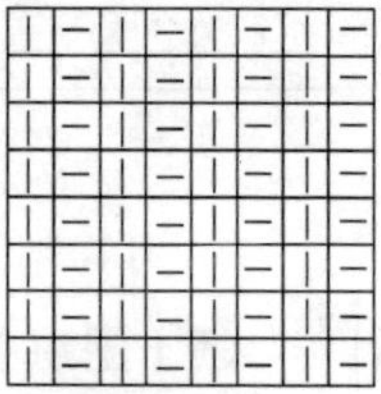

单罗纹针

【成品尺寸】胸围90cm　衣长76cm　袖长（含单侧肩宽）60cm

【工具】7mm棒针

【材料】段染马海毛线700g

【密度】10cm²：16针×22行

【制作方法】1.后片：起72针，编织单罗纹针12cm，然后改织花样B50cm后收袖窿。

　　2.前片：起72针，编织单罗纹针12cm，然后改织花样A50cm后收袖窿，再织9cm收前领。

　　3.袖片：起36针，先编织单罗纹针10cm，然后改织花样B，并按图示加针，织36cm后开始收袖山，编织两片。

　　4.缝合：先将前片与后片缝合起来，然后缝合袖子。

　　5.领：领圈挑起148针编织双罗纹针10cm后收针。

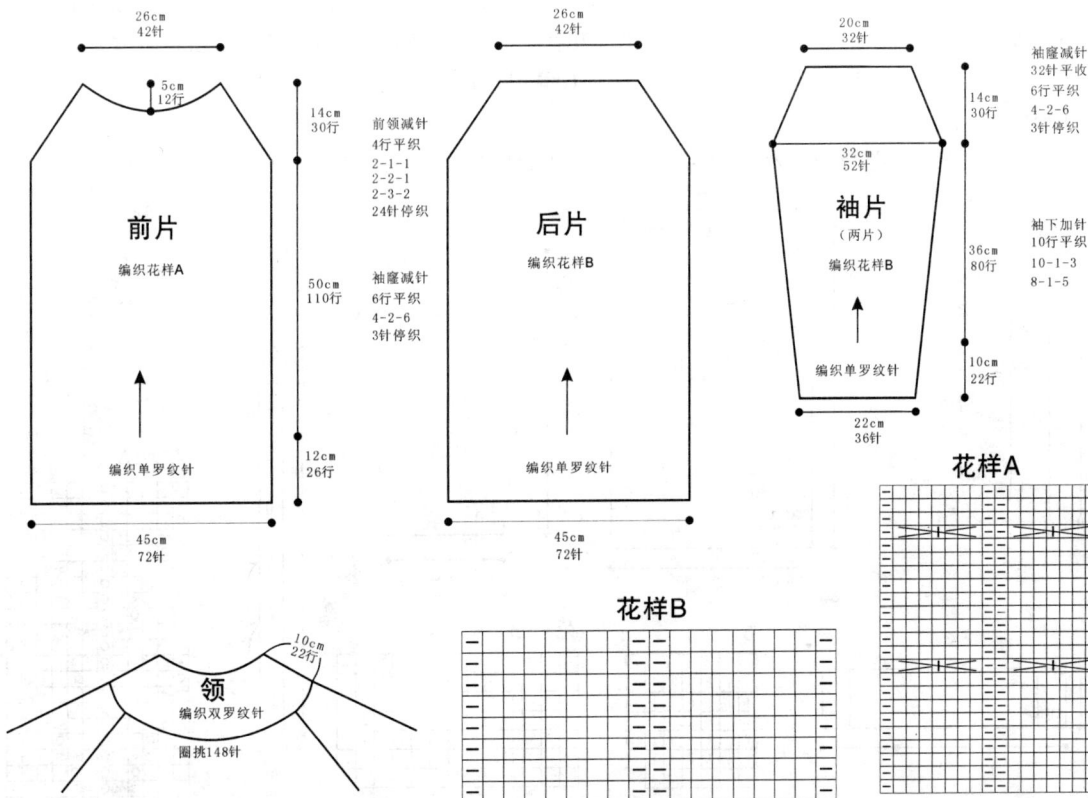

前片

26cm
42针

5cm
12行

14cm
30行

前片
编织花样A

前领减针
4行平织
2-1-1
2-2-1
2-3-2
24针停织

袖窿减针
6行平织
4-2-6
3针停织

50cm
110行

编织单罗纹针

12cm
26行

45cm
72针

后片

26cm
42针

后片
编织花样B

编织单罗纹针

45cm
72针

袖片

20cm
32针

袖窿减针
32针平收
6行平织
4-2-6
3针停织

14cm
30行

32cm
52针

袖片
（两片）
编织花样B

袖下加针
10行平织
10-1-3
8-1-5

36cm
80行

编织单罗纹针

10cm
22行

22cm
36针

领

10cm
22行

领
编织双罗纹针

圈挑148针

花样A

花样B

翻领修身毛衣

【成品尺寸】胸围84cm　肩宽36cm　衣长65cm

【工具】5号棒针

【材料】白色毛线1000g

【密度】花样A、C、D10cm²：13针×16行　花样B10cm²：20针×30行

【附件】白色牛角扣4枚

【制作方法】1.前片(左右两片)：普通起针法起13cm，按下摆加针花样A和下针编织40cm；按前袖窿减针和前领减针织出袖窿和前领；再对称织出另一片前片。

2.后片：普通起针法起86针，花样B编织45cm；按后袖窿减针和后领减针织出袖窿和前领。

3.袖片(两片)：普通起针法起48针，按袖下加针花样B编织45cm；按袖山减针织出袖山，相同织出另一片。

4.缝合：前片和后片肩部、腋下缝合；袖片袖下缝合，装袖。

5.挑领：如领图，前领和后领各挑20针、26针、20针，花样D和上针编织12cm后收针。

6.门襟(两条)：用普通起针法起8针，花样C编织71cm，在指定位置开扣眼，再织另一条，但不用开扣眼。

7.整理：两条门襟与前片和领缝合，在不开扣眼的门襟上钉上牛角扣。

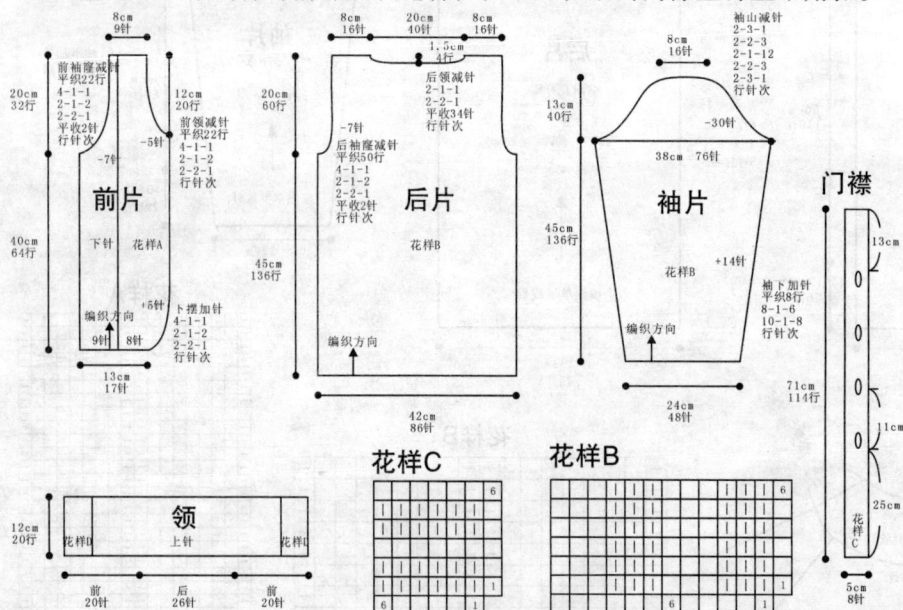

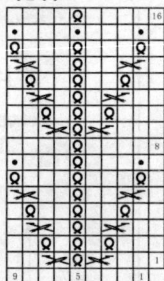

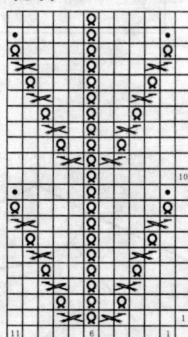

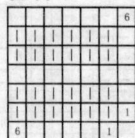

【成品尺寸】胸围80cm　衣长52cm　袖长60cm

【工具】10号棒针

【材料】白色绒线600g

【密度】10cm²：25针×23行

【制作方法】1.单片用10号棒针前片起44针，后片起100针，编织双罗纹，织16cm，前片织花样A，后片织下针，织到相应位置留袖窿领口。

2.袖口起64针，织6cm后，加1针，织27针下针，织花样B，腋下按图加针，织60行减针织出袖山。

3.将衣片缝合，挑门襟和领，横的位置每针挑1针，竖的位置每2行挑3针，织够6cm后，门襟部分停织，领的部分每两行停织2针，再织30行，最后一并收针。

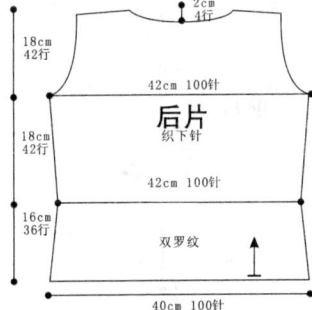

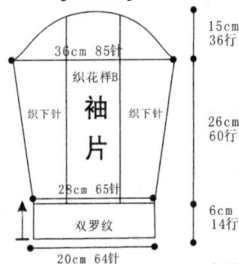

花样A

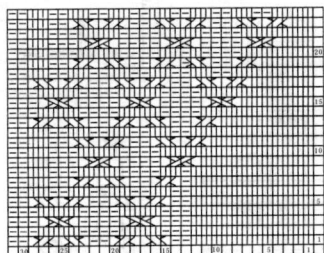

花样B

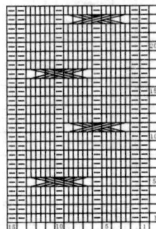

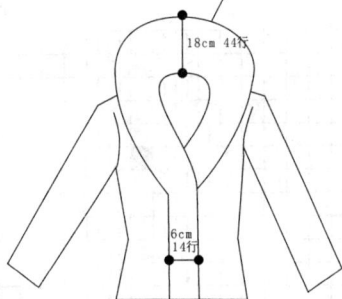

139

气质V领毛衣

【成品尺寸】胸围92cm　肩宽38cm　衣长52cm　袖长56cm

【工具】6mm棒针

【材料】粗棉线700g

【密度】10cm²：14针×20行

【附件】兔毛条1条

【制作方法】1.后片：起64针，编织双罗纹针34cm后如图所示收袖窿，在离衣长2cm时收后领。

2.前片：起38针，先编织4行锁链针，然后编织花样A18行。再按图示进行排花，在总长编织了32cm时如图所示收袖窿，在离衣长10cm时收前领，编织两片(编织右片时注意在门襟处留出纽扣洞)。

3.袖片：起30针，编织9cm双罗纹针后采用平针编织，并如图所示进行加针，35cm后开始收窿山，编织两片。

4.帽子：起10针，如图所示进行帽下加针与帽顶减针，编织两片。

5.缝合：将各部分缝合完毕，最后将兔毛条安装在帽缘与前领处。

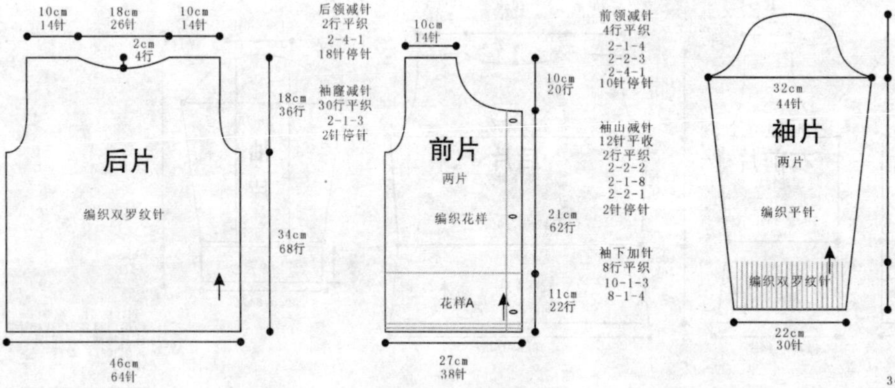

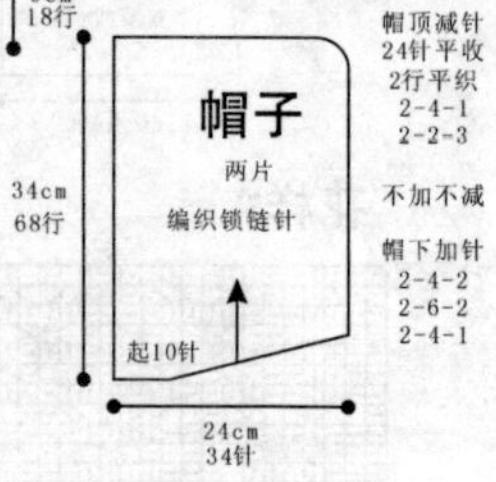

后片

10cm 14针　18cm 26针　10cm 14针
2cm 4行
18cm 36行
后领减针 2行平织 2-4-1 18针停针
袖窿减针 30行平织 2-1-3 2针停针

后片 编织双罗纹针

34cm 68行

46cm 64针

前片

10cm 14针
10cm 20行
前领减针 4行平织 2-1-4 2-2-3 2-4-1 10针停针
袖山减针 12行平收 2行平织 2-2-2 2-1-8 2-2-1 2针停针

前片 两片 编织花样

21cm 62行

袖下加针 8行平织 10-1-3 8-1-4

11cm 22行
花样A

27cm 38针

袖片

12cm 24行
32cm 44针

袖片 两片 编织平针

35cm 70行

编织双罗纹针

9cm 18针

22cm 30针

帽子

帽顶减针 24针平收 2行平织 2-4-1 2-2-3
不加不减
帽下加针 2-4-2 2-6-2 2-4-1

帽子 两片 编织锁链针

起10针

34cm 68行

24cm 34针

前片花样排花

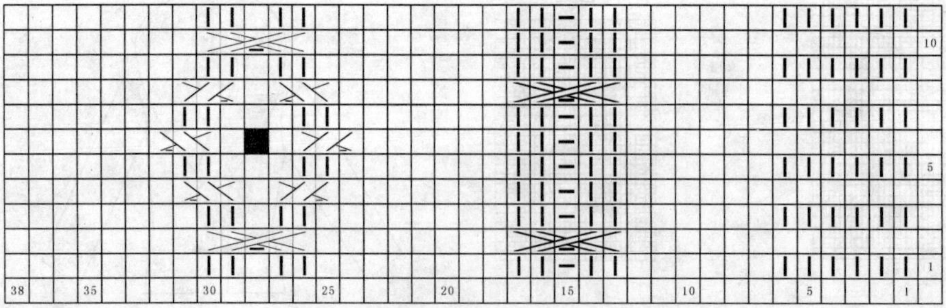

花样A

【成品尺寸】胸围92cm　肩宽37cm　衣长50cm　袖长58cm

【工具】3mm棒针

【材料】白色棉线600g

【密度】10cm²：24针×30行

【附件】豹纹皮草

【制作方法】1.后片：起110针，编织双罗纹针10cm改织平针，20cm后收袖窿，在离衣长3cm处收后领。

　　2.前片：起56针，和后片一样进行编织，在收袖窿的同时收前领，编织两片。

　　3.袖片：起52针，编织双罗纹针如图所示进行加针，10cm后改织花样，36cm后收袖山，编织两片。

4.领：起42针，编织反针并如图所示进行两侧加针，然后不加针编织4cm后减针，最后平收。

5.根据图示用豹纹皮草裁出一个领片待用。

6.衣襻起12针，编织单罗纹针15cm，并如图示减针。编织四片。

7.缝合，先将前、后片缝合，缝的时候注意要在相应的位置加上衣襻，然后上袖子（同前加入两片袖襻），上领子的时候注意要将皮草缝合好。

花样针法

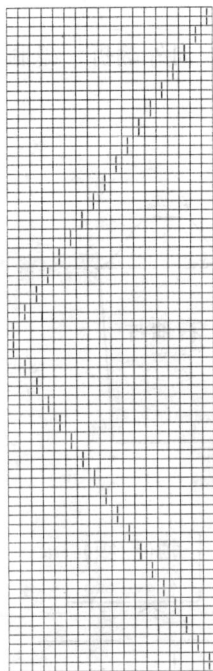

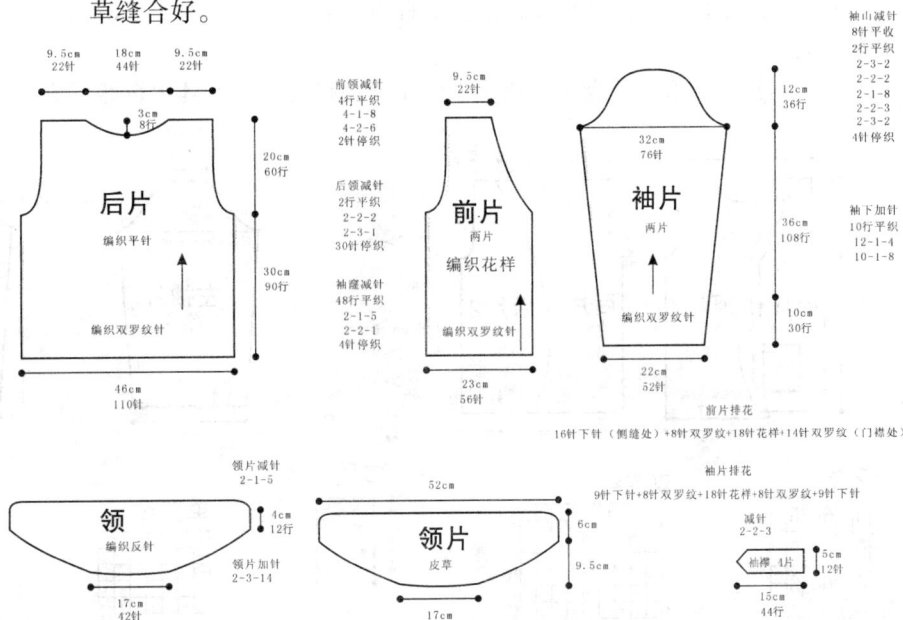

后片
编织平针
编织双罗纹针
9.5cm 22针　18cm 44针　9.5cm 22针
3cm 8行
20cm 60行
30cm 90行
46cm 110针

前片
两片
编织花样
编织双罗纹针
前领减针
4针平织
4-1-8
4-2-6
2针停织
后领减针
2针平织
2-2-2
2-3-1
30针停织
袖窿减针
48行平织
2-1-5
2-2-1
4针停织
9.5cm 22针
23cm 56针

袖片
两片
编织双罗纹针
32cm 76针
袖山减针
8针平收
2行平织
2-3-2
2-2-2
2-1-8
2-2-3
2-3-2
4针停织
12cm 36行
袖下加针
10行平织
12-1-4
10-1-8
36cm 108行
22cm 52针
10cm 30行

前片排花
16针下针（侧缝处）+8针双罗纹+18针花样+14针双罗纹（门襟处）

袖片排花
9针下针+8针双罗纹+18针花样+8针双罗纹+9针下针

领
编织反针
领片减针
2-1-5
领片加针
2-3-14
4cm 12行
17cm 42针

领片
皮草
52cm
6cm
9.5cm
17cm
减针
2-2-3
袖襻 4片
15cm 44行
5cm 12行

简约高领毛衣

【成品尺寸】胸围86cm　肩宽36cm　衣长60cm　袖长58cm

【工具】4号棒针

【材料】灰色毛线900g　白色毛线500g

【密度】$10cm^2$：30针×42行

【制作方法】1.前片1：全花样编织。普通起针法起60针，按弧度加减针织40cm后按袖窿减针织出前片1。

2.前片2：全下针编织。普通起针法起76针，按弧度加减针配色编织40cm后按袖窿减针及前领减针织出袖窿和前领。

3.后片1：类似于前片2，不同为起针70针，开头6针都为灰色，开领见后领减针。

4.后片2：同前片1。

5.右袖片：普通起针法起90针，花样编织；按袖下加针织45cm后织出袖下；按袖山减针织出袖山。

6.左袖片：类似于右袖片，不同为配色编织。

7.整理：前片1与前片2缝合，注意前片2留出结尾6针以做花边，后片1和后片2缝合；袖片袖下缝合，装袖。

8.挑领：圈织，前领和后领分别挑60针、52针，双罗纹编织15cm后收针。

9.口袋：普通起针法起30针，配色下针编织42行后单罗纹编织8行，单罗纹向外翻折，缝制在衣服上。

注：木耳边类似拉花操作，边上一圈用缝纫机拷边，木耳边自然形成。

前片1
前片2
后片1
后片2
左袖片
右袖片

花样
双罗纹
口袋
单罗纹
领(圈织)

【成品尺寸】胸围84cm　肩宽38cm　衣长56cm　袖长58cm

【工具】5号棒针

【材料】白色毛线800g

【密度】10cm² : 20针×30行

【附件】白色雪纺纱若干　蕾丝2片

【制作方法】1.前片：普通起针法起84针，下针编织35cm后按袖窿减针及前领减针织出袖窿和前领。

2.后片：编织方法与前片类似，不同为开领见后领减针。

3.袖片(两片)：普通起针法起48针，花样A编织7cm；按袖下加针下针织38cm织出袖下；按袖山减针织出袖山。

4.下摆边：普通起针法起4针，花样C编织84cm。

5.装饰条1(两条)：普通起针法起6针，花样B编织56cm。

6.装饰条2(两条)：普通起针法起6针，花样B编织26cm。

7.整理：前片和后片肩部、腋下缝合；袖片袖下缝合。

8.挑领：圈织，前领和后领各挑52针和36针，双罗纹编织15cm，双罗纹针收边。

9.收尾：雪纺纱、蕾丝按指定尺寸裁制，在指定位置缝制好雪纺纱、蕾丝；在指定位置缝上装饰条1和装饰条2；下摆边与身片缝合；装袖。

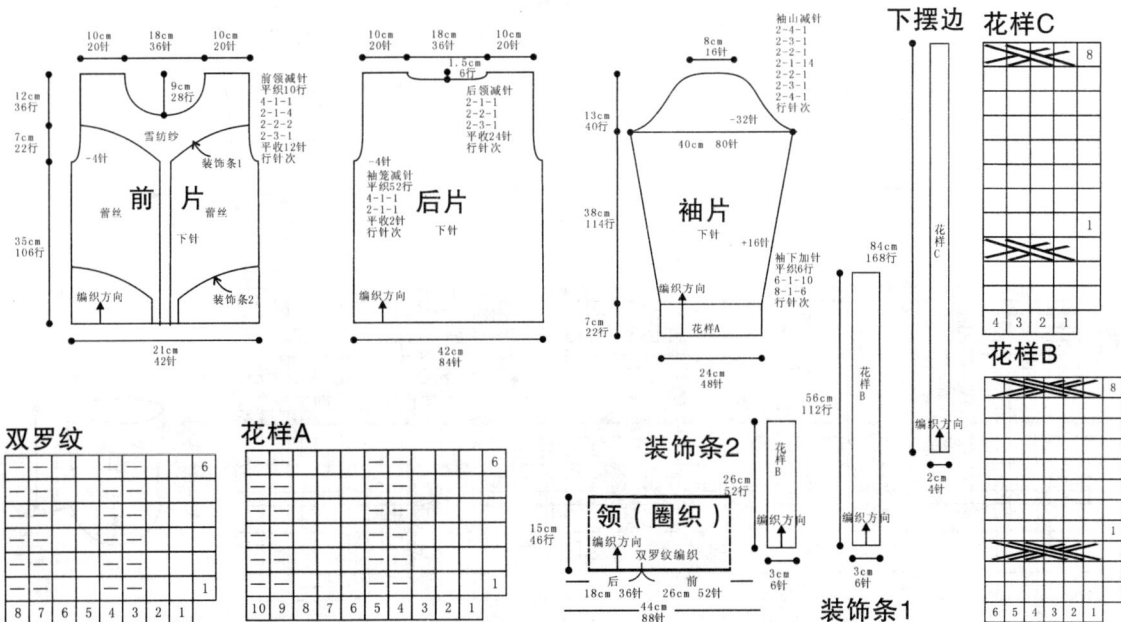

<table>
<tr><td colspan="3">前片</td></tr>
</table>

前片
- 10cm 20针　18cm 36针　10cm 20针
- 12cm 36行
- 9cm 28行
- 前领减针 平织10行 4-1-1 2-1-4 2-2-2 2-3-1 行针次
- 7cm 22行
- 雪纺纱
- 装饰条1
- -4针
- 蕾丝　下针　蕾丝
- 35cm 106行
- 装饰条2
- 编织方向
- 21cm 42针

后片
- 10cm 20针　18cm 36针　10cm 20针
- 1.5cm 6行
- 6针
- 后领减针 2-1-1 2-1-1 2-2-1 平收24针 行针次
- -4针 袖窿减针 平织52行 4-1-1 2-1-1 平收2针 行针次
- 下针
- 编织方向
- 42cm 84针

袖片
- 8cm 16针
- 袖山减针 2-3-1 2-2-1 2-1-14 2-1-1 2-2-1 2-4-1 行针次
- 13cm 40行
- -32针
- 40cm 80针
- 38cm 114行
- 袖片　下针
- +16针
- 袖下加针 平织56行 6-1-10 8-1-6 行针次
- 7cm 22行
- 花样A
- 编织方向
- 24cm 48针

下摆边
- 花样C
- 84cm 168行
- 编织方向
- 2cm 4针

花样C
			8
			1
4	3	2	1

装饰条2
- 花样B
- 26cm 52行
- 编织方向
- 3cm 6针

装饰条1
- 花样B
- 56cm 112行
- 编织方向
- 3cm 6针

领(圈织)
- 15cm 46行
- 编织方向
- 双罗纹编织
- 后 18cm 36针　前 26cm 52针
- 44cm 88针

双罗纹
					6
					1
8	7	6	5	4	3	2	1

花样A
									6
									1
10	9	8	7	6	5	4	3	2	1

花样B
						8
						1
6	5	4	3	2	1

【成品尺寸】胸围92cm　肩宽38cm　衣长56cm　袖长58cm

【工具】6mm棒针

【材料】白色毛线600g　深杏、浅杏色毛线各50g

【密度】10cm²：14针×18行

【制作方法】1.后片：起64针，编织双罗纹针36cm后收袖窿，在离衣长3cm处收后领。

2.前片：起65针，编织双罗纹针6cm后改织花样，30cm后收袖窿，在离衣长6cm处收前领。

3.袖片：起32针，编织双罗纹针，并如图示进行加针，46cm后收袖山，编织两片。

4.缝合：将前、后片与袖片缝合。

5.领：领口挑起64针，编织双罗纹针18cm。

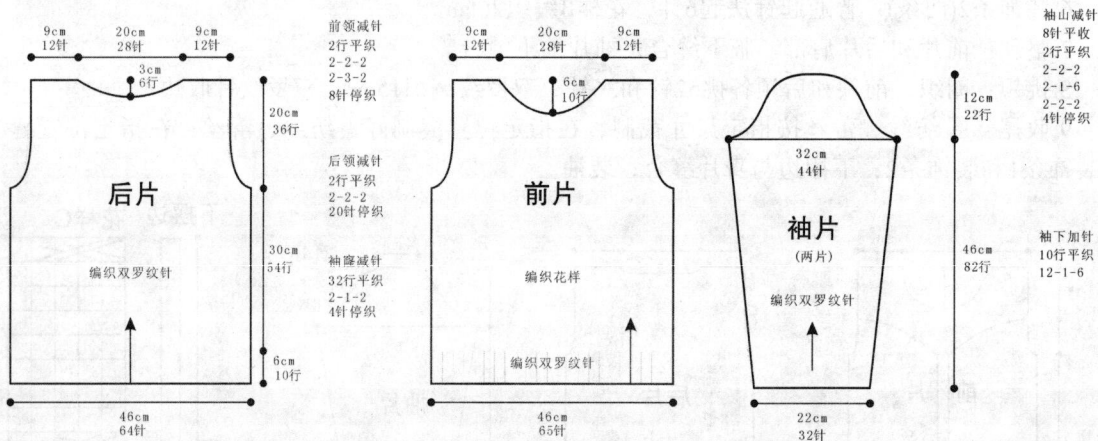

前片针法

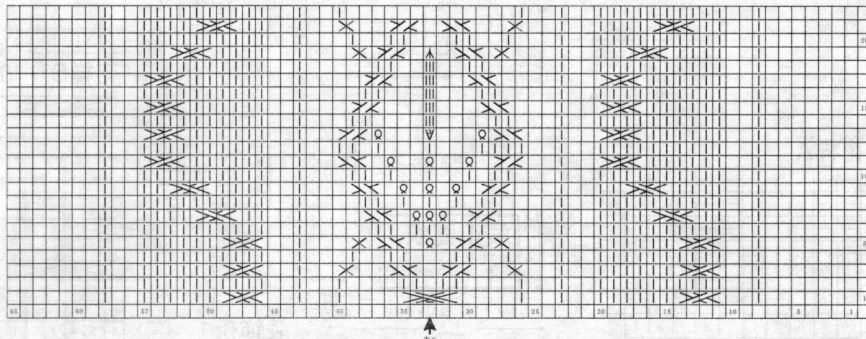

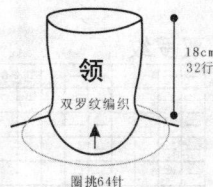

麻花色高领装

【成品尺寸】胸围92cm　衣长64cm　袖长(含单侧肩宽)64cm

【工具】5mm棒针

【材料】段染混纺线600g

【密度】10cm²：14针×20行

【制作方法】1.后片起64针，双罗纹编织16行改织平针，如图所示收臀围线和腰线，74行后如图所示收袖窿。最后在离衣长2cm处收后领。后片完成。

　　2.前片起64针，双罗纹编织16行改织平针，如图所示收臀围线和腰线，74行后如图所示收袖窿。94行后如图所示收前领。前片完成。

　　3.袖片起40针，双罗纹编织16行后，改织平针，如图所示加针，至袖壮线开始按结构图收出袖山来。编织两片。

　　4.缝合。将前片、后片、袖片缝合。

　　5.按图所示挑织领片，双罗纹编织36行后收针。

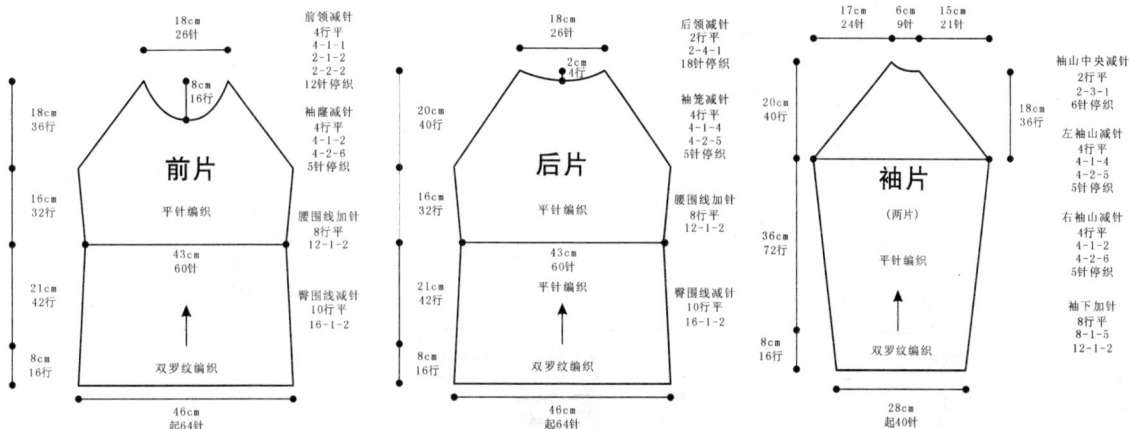

前片

18cm 26针

8cm 16行

18cm 36行

16cm 32行

21cm 42行

8cm 16行

43cm 60针

平针编织

双罗纹编织

46cm 起64针

前领减针
4行平
4-1-1
2-1-2
2-2-2
12针停织

袖窿减针
4行平
4-1-2
4-2-6
5针停织

腰围线加针
8行平
12-1-2

臀围线减针
10行平
16-1-2

后片

18cm 26针

2cm 4行

20cm 40行

16cm 32行

21cm 42行

8cm 16行

43cm 60针

平针编织

双罗纹编织

46cm 起64针

后领减针
2行平
2-4-1
18针停织

袖笼减针
4行平
4-1-4
4-2-5
5针停织

腰围线加针
8行平
12-1-2

臀围线减针
10行平
16-1-2

袖片

17cm 24针　6cm 9针　15cm 21针

20cm 40行

18cm 36行

36cm 72行

8cm 16行

(两片)

平针编织

双罗纹编织

28cm 起40针

袖山中央减针
2行平
2-3-1
6针停织

左袖山减针
4行平
4-1-4
4-2-5
5针停织

右袖山减针
4行平
4-1-2
4-2-6
5针停织

袖下加针
8行平
8-1-5
12-1-2

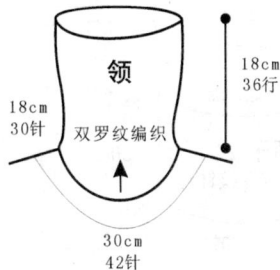

领

18cm 36行

18cm 30针

双罗纹编织

30cm 42针

平针
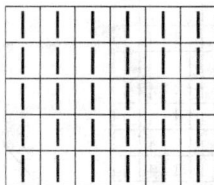

双罗纹针
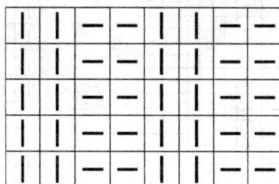

【成品尺寸】衣长60cm 胸围98cm 肩宽38cm 袖长72cm

【工具】4.5mm棒针

【材料】果绿色、花色粗羊毛线

【密度】$10cm^2$：11针×18行

【制作方法】1.前、后片各起54针用4.5mm棒针以果绿色线织双罗纹针10cm长后，改用花色线按编织图比例编织，织42cm长，按前、后片编织图减针成袖窿，织58cm长按编织图减针成后领口，前片织47cm长照编织图减针成前领口，衣长60cm。

2.袖口起30针用4.5mm棒针以果绿色毛线织双罗纹长20cm，改用花色毛线照袖子编织配色图织57cm长，照图减针成袖山。

3.缝合衣前、后片及袖子，在衣领口处挑70针，用果绿色毛线织双罗纹针，高30cm，收针，完成。

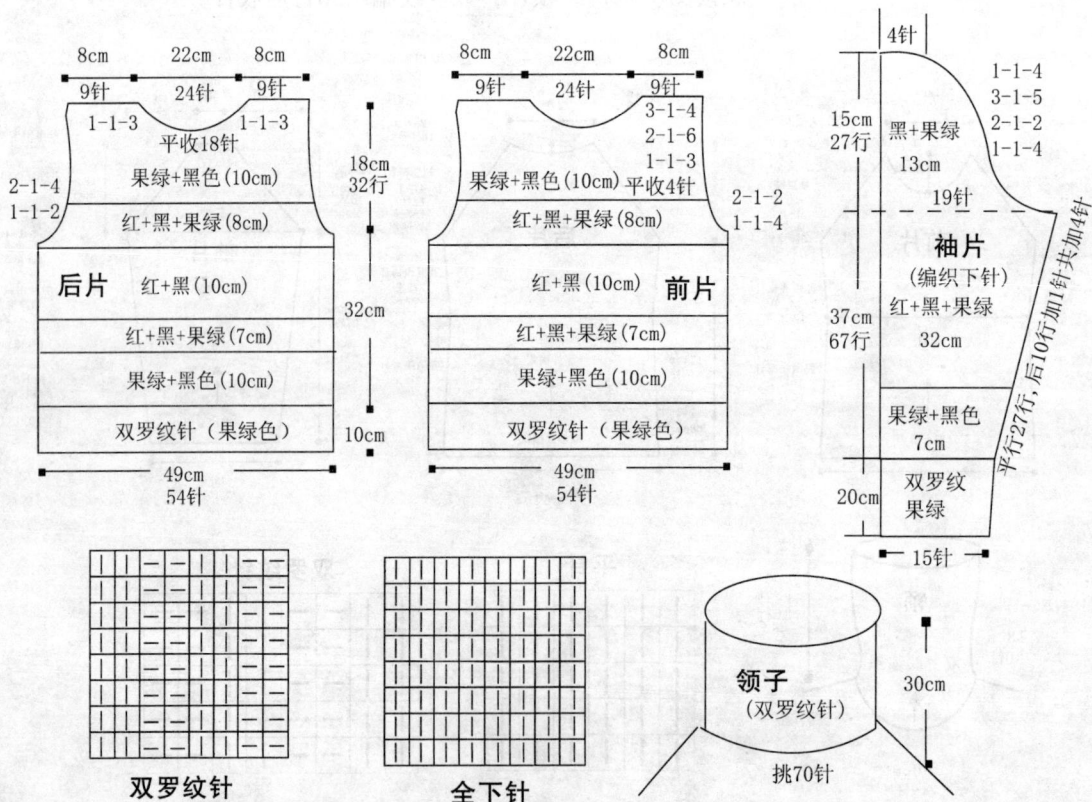

后片编织图：

| 8cm | 22cm | 8cm |
| 9针 | 24针 | 9针 |

平收18针
1-1-3 　　　　　1-1-3
2-1-4
1-1-2
果绿+黑色（10cm）
红+黑+果绿（8cm）

后片 红+黑（10cm）
红+黑+果绿（7cm）
果绿+黑色（10cm）
双罗纹针（果绿色）

18cm 32行
32cm
10cm

49cm
54针

前片编织图：

| 8cm | 22cm | 8cm |
| 9针 | 24针 | 9针 |

3-1-4
2-1-6
1-1-3
平收4针
果绿+黑色（10cm）
红+黑+果绿（8cm）

2-1-2
1-1-4

前片
红+黑（10cm）
红+黑+果绿（7cm）
果绿+黑色（10cm）
双罗纹针（果绿色）

49cm
54针

袖片编织图：

4针

15cm 27行
1-1-4
3-1-5
2-1-2
1-1-4

黑+果绿
13cm

19针

袖片
（编织下针）
红+黑+果绿
32cm

37cm 67行

果绿+黑色
7cm

双罗纹
果绿

20cm

15针

平行27行，后10行加1针共加4针

双罗纹针

全下针

领子
（双罗纹针）

挑70针

30cm

时尚交叉领装

【成品尺寸】胸围92cm　肩宽36cm　衣长78cm　袖长58cm

【工具】3mm棒针

【材料】AB毛线深咖啡色200g、浅咖啡色250g、灰色300g

【密度】10cm² : 24针×32行

【制作方法】1.后片：起110针，用深咖啡色线编织10cm双罗纹针，然后改用浅咖啡色线编织平针25cm，再用深咖啡色线织6cm双罗纹，再用灰色线织平针17cm后收袖窿，在离衣长3cm处收后领。

　　2.前片：起110针用与后片相同方法编织，灰色线编织时，中间40针编织反针，左右两边仍然编织平针，织17cm后收袖窿，在离衣长15cm时如图示收前领。

　　3.袖片：起52针用深咖啡色线编织10cm双罗纹针，然后改用灰色线编织平针，并如图示进行加针，织36cm后收袖山。编织两片。

　　4.领：用深咖啡色线起40针编织双罗纹针55cm。

5.缝合：将前、后片与袖片缝合，最后缝领。

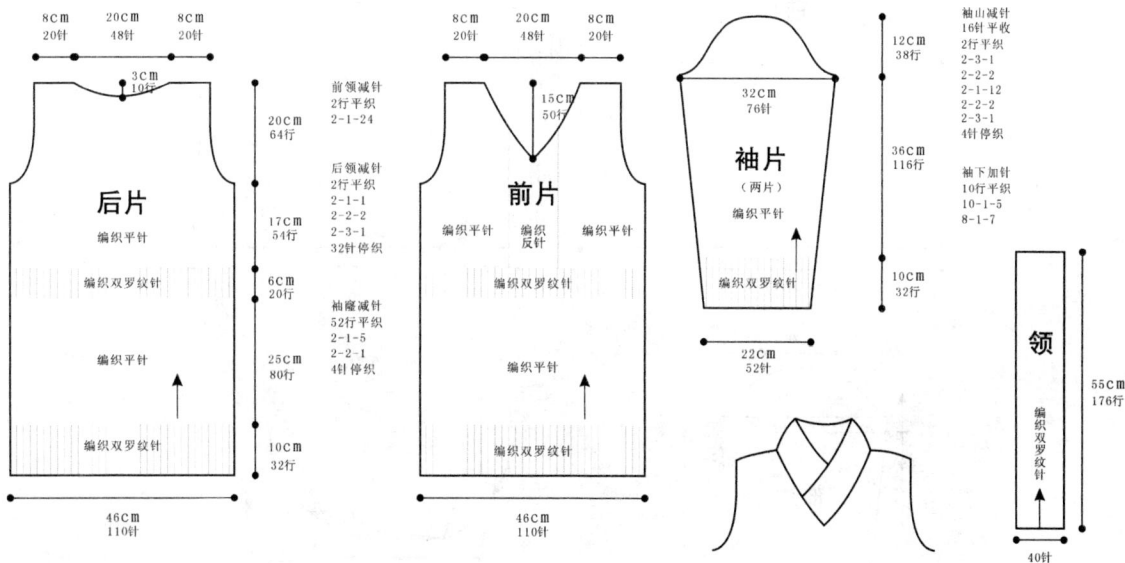

后片

8cm 20针　20cm 48针　8cm 20针

3cm 10行

20cm 64行

前领减针
2行平织
2-1-24

17cm 54行

后领减针
2行平织
2-1-1
2-2-2
2-3-1
32针停织

编织平针

6cm 20行

编织双罗纹针

袖窿减针
52行平织
2-1-5
2-2-1
4针停织

编织平针

25cm 80行

编织双罗纹针

10cm 32行

46cm 110针

前片

8cm 20针　20cm 48针　8cm 20针

15cm 50行

编织平针　编织反针　编织平针

编织双罗纹针

编织平针

编织双罗纹针

46cm 110针

袖片
（两片）

袖山减针
16针 平收
2行 平织
2-3-1
2-2-2
2-1-12
2-2-2
2-3-1
4针停织

12cm 38行

32cm 76针

编织平针

36cm 116行

编织双罗纹针

袖下加针
10行平织
10-1-5
8-1-7

10cm 32行

22cm 52针

领

编织双罗纹针

55cm 176行

40针

147

【成品尺寸】胸围80cm 衣长53m 袖长58cm

【工具】10号棒针

【材料】深咖啡色绒线200g 深咖啡色夹花毛线300g

【密度】10cm²：23针×26行

【制作方法】1.单片10号棒针，前片起96针，后片起96针，织双罗纹针26cm后改织下针，然后按图解留出袖窿、领窝。

2.另起78针，织2cm双层空心然后留袖山。再换线从双层空心针接缝的内侧挑78针，由上向下织袖，袖口织双罗纹收针。将织好的袖缝在衣片上。

3.挑领，领窝前片的直线部分不挑针，其他部分挑138针，织19cm，收针，领子两侧重叠缝在前领窝的直线上。

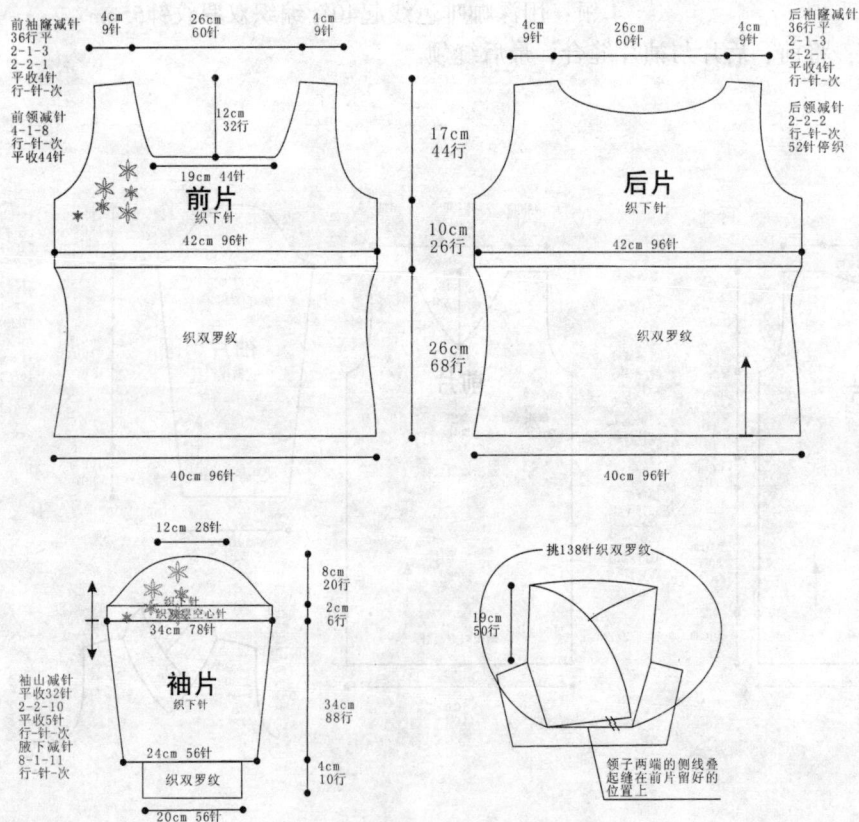

前片

前袖窿减针
36行平
2-1-3
2-2-1
平收4针
行-针-次

前领减针
4-1-8
行-针-次
平收44针

4cm 9针　26cm 60针　4cm 9针

12cm 32行

19cm 44针

前片 织下针

42cm 96针

织双罗纹

40cm 96针

后片

4cm 9针　26cm 60针　4cm 9针

后袖窿减针
36行平
2-1-3
2-2-1
平收4针
行-针-次

后领减针
2-2-2
行-针-次
52针停织

17cm 44行

10cm 26行

后片 织下针

42cm 96针

织双罗纹

40cm 96针

26cm 68行

袖片

12cm 28针

织袖窿空心针
34cm 78针

袖山减针
平收32针
2-2-10
平收5针
行-针-次
腋下减针
8-1-11
行-针-次

袖片 织下针

8cm 20行

2cm 6行

34cm 88行

4cm 10行

24cm 56针

织双罗纹

20cm 56针

挑138针织双罗纹

19cm 50行

领子两端的侧线叠起缝在前片留好的位置上

创意翻领毛衣

【成品尺寸】胸围88cm　肩宽36cm　衣长65cm　袖长56cm

【工具】5mm棒针

【材料】烟灰色马海毛600g

【密度】10cm²：13针×18行

【制作方法】1.后片：起57针，编织平针32cm后收袖窿，再编织18cm收针。

　　2.前片：起57针，编织花样32cm后收袖窿，再编织18cm收针。

　　3.袖片：起32针，先织3cm双罗纹针，然后编织平针并如图所示进行加针，织41cm后收袖山，编织两片。

　　4.下摆：起19针编织花样88cm。

　　5.衣领：先起10针，编织单罗纹15cm的小条，编织两条。在其中一条一侧挑起19针编织花样45cm平针，与另一小条缝合。

　　6.缝合：先把前、后片与袖子缝合，然后再把下摆缝于底边，两头对接好。最后缝领，开口在左侧。

前片
编织花样
8cm 10针　20cm 27针　8cm 10针
18cm 32行
32cm 56行
44cm 57针

后片
编织平针
袖窿减针
28行平织
2-1-2
3针停织
8cm 10针　20cm 27针　8cm 10针
44cm 57针

袖片
（两片）
编织平针
编织双罗纹针
32cm 42针
24cm 32针
袖山减针
12针平收
2行平织
2-2-1
2-1-8
2-2-1
3针停织
12cm 22行
袖下加针
14行平织
12-1-5
41cm 74行
3cm 6行

衣摆
编织花样
88cm 158行
15cm 19针

领
编织花样
10针单罗纹　　10针单罗纹
15cm 19针
45cm 80行

下摆、衣领花样

前片花样

【成品尺寸】胸围88cm　衣长65cm　领围44cm

【工具】4号棒针　5号棒针　6号棒针　7号棒针

【材料】灰色毛线500g　深蓝色毛线500g

【密度】10cm²：30针×40行

【制作方法】衣服从上往下织，花样配色见花样。

　　1.领：用7号棒针单罗纹针起针法起140针，7号棒针织12行后换6号棒针织12行，换5号棒针织12行再换4号棒针织24行。

　　2.分针：前片、后片、袖各为48针、48针、21针。

　　3.织衣身：4片两边各留6针，前、后片由中间36针往两侧加针，每4行加1针织100行；袖片由中间9针往两侧加针，每2行加1针加35次后每4行加1针加7次，平织2行后袖窿织完。前、后片分开织，按身片减针及下摆加针(中心往两边加)织至63cm后收针，另一片织法相同。两片身片袖下缝合。

　　4.口袋(两片)：单罗纹针起针法起54针，单罗纹编织3cm；花样编织6cm后收针，织完后缝制在前片上。

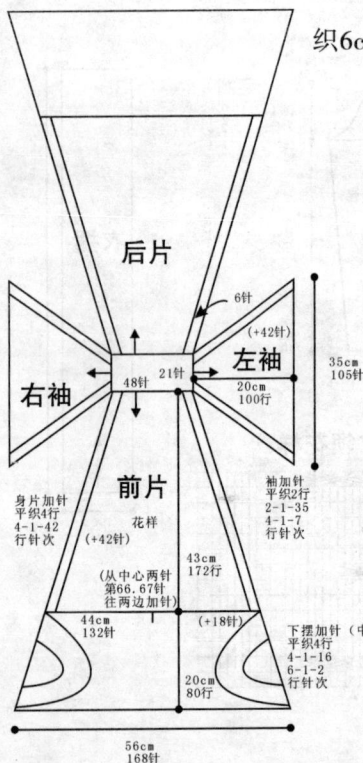

后片

6针

(+42针)

35cm
105针

左袖

右袖

48针　21针

20cm
100行

身片加针
平织4行
4-1-42
行针次

前片

花样
(+42针)

(从中心两针
第66、67针
往两边加针)

43cm
172行

袖加针
平织2行
2-1-35
4-1-7
行针次

44cm
132针

(+18针)

下摆加针（中心往两边加）
平织4行
4-1-16
6-1-2
行针次

20cm
80行

56cm
168针

领（圈织）

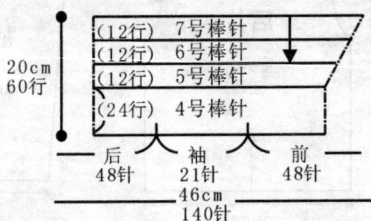

(12行) 7号棒针
(12行) 6号棒针
(12行) 5号棒针
(24行) 4号棒针

20cm
60行

后　　袖　　前
48针　21针　48针
46cm
140针

单罗纹图解

—		—		—		蓝
						蓝
						灰
						灰

口袋

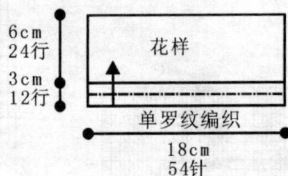

6cm
24行

3cm
12行

花样

单罗纹编织

18cm
54针

花样

			灰
			蓝
			灰
			灰
			蓝
			灰
			灰
			蓝

单排扣连帽装

【成品尺寸】衣长75cm　胸围96cm　肩宽38cm　袖长60cm

【工具】4mm棒针

【材料】黑色中粗羊毛线

【密度】10cm²：15针×20行

【附件】牛角扣5枚

【制作方法】1.后片起72针，织双罗纹针57cm长后，按后片的编织图减针成袖窿和后领口。

2.前片起36针，按前片的编织花样织20cm后，开衣袋口，然后继续织花样B，长57cm后按编织图减针成前片的袖窿及前片领口。

3.袖起40针，织双罗纹10cm，然后编织花样A。袖两侧每织10行放一针，每侧放4针，织44cm后按编织图减针成袖山。

4.缝合前、后衣片及袖子，顺前衣片衣襟挑95针，按图示编织方向织双罗纹5cm宽收针。前衣襟，顺领口挑80针，织双罗纹针10cm长，收针。钉好牛角扣，完成。

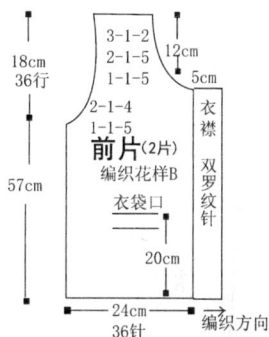

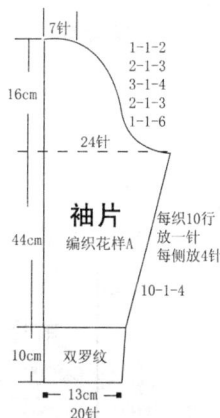

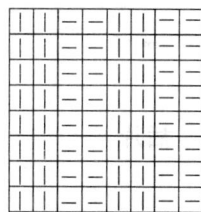

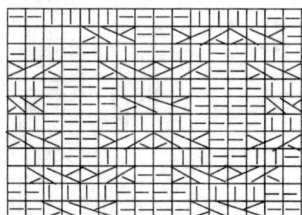

花样A

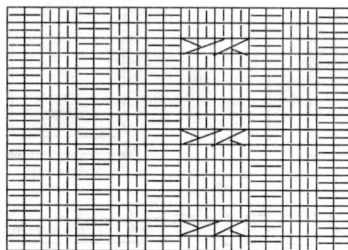

花样B

【成品尺寸】胸围98cm　肩宽38cm　衣长82cm　袖长56cm

【工具】4mm棒针

【材料】黑色毛线1000g

【密度】10cm²：18针×22行

【附件】纽扣7枚

【制作方法】1.后片：起88针，编织双罗纹针10cm，然后改织平针52cm后收袖窿，在离衣长3cm处收后领。

2.前片：起42针，编织双罗纹针10cm，然后改织花样，50cm后收前领，2cm后收袖窿。编织两片。

3.袖片：起42针，编织双罗纹针8cm，然后改织平针，36cm后收袖山，编织两片。

4.帽子：起10针，编织平针并如图示进行加针，帽顶处收针。编织两片。

5.门襟和帽沿：门襟和帽沿为一长条，起12针，编织单罗纹针188cm，注意在开襟位置留出7个纽扣洞。腰带起10针，编织单罗纹针120cm。

6.缝合：将前、后片与袖片缝合在一起，然后将帽子装上，再把门襟和帽沿安装好。最后缝好纽扣并把腰带安装在合适位置上。

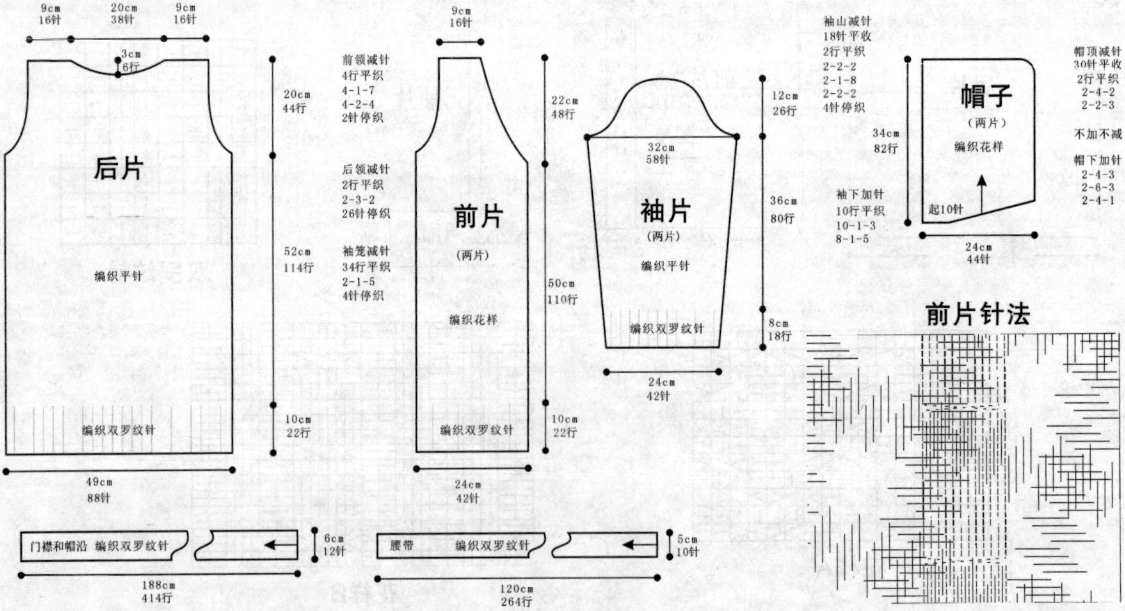

后片

9cm 16针　20cm 38针　9cm 16针

3cm 6针

20cm 44行

52cm 114行

编织平针

10cm 22行

编织双罗纹针

49cm 88针

前片（两片）

9cm 16针

前领减针
4行平织
4-1-7
4-2-4
2针停织

后领减针
2行平织
2-3-2
26针停织

袖笼减针
34行平织
2-1-5
4针停织

22cm 48行

50cm 110行

编织花样

10cm 22行

编织双罗纹针

24cm 42针

袖片（两片）

32cm 58针

12cm 26行

36cm 80行

袖下加针
10行平织
10-1-3
8-1-5

编织平针

8cm 18行

编织双罗纹针

24cm 42针

袖山减针
18针 平收
2行平织
2-2-2
2-1-8
2-2-4
4针停织

帽子（两片）

帽顶减针
30针平收
2行平织
2-4-2
2-2-3

不加不减

帽下加针
2-4-3
2-6-3
2-4-1

34cm 82行

编织花样

起10针

24cm 44针

门襟和帽沿 编织双罗纹针

6cm 12针

188cm 414行

腰带 编织双罗纹针

5cm 10针

120cm 264行

前片针法

系带连帽毛衣

【成品尺寸】胸围88cm 肩宽36cm 衣长70cm 袖长56cm

【工具】2.5mm棒针

【材料】马海毛线700g

【密度】$10cm^2$：28针×36行

【附件】毛条1根

【制作方法】1.后片起124针，编织上针27cm后如图所示收袖窿，15cm后收后领。

2.前片起2针，如图所示从一侧开始加针，加至62针为止，注意门襟一起编织6针双罗纹针，35cm后收袖窿，6cm后收前领，编织两片。

3.袖片起68针，编织双罗纹针20cm，并如图示加针，然后改织上针，24cm后收袖山，编织两片。

4.缝合，将前、后片缝合在一起并上好袖子。

5.下摆起挑258针编织花样，25cm后结束收针。

6.帽子起18针，如图示加针，然后不加不减继续编织，帽顶如图示收针，编织两片后缝合在一起，并与领圈连接。

7.将毛条装在帽沿上。

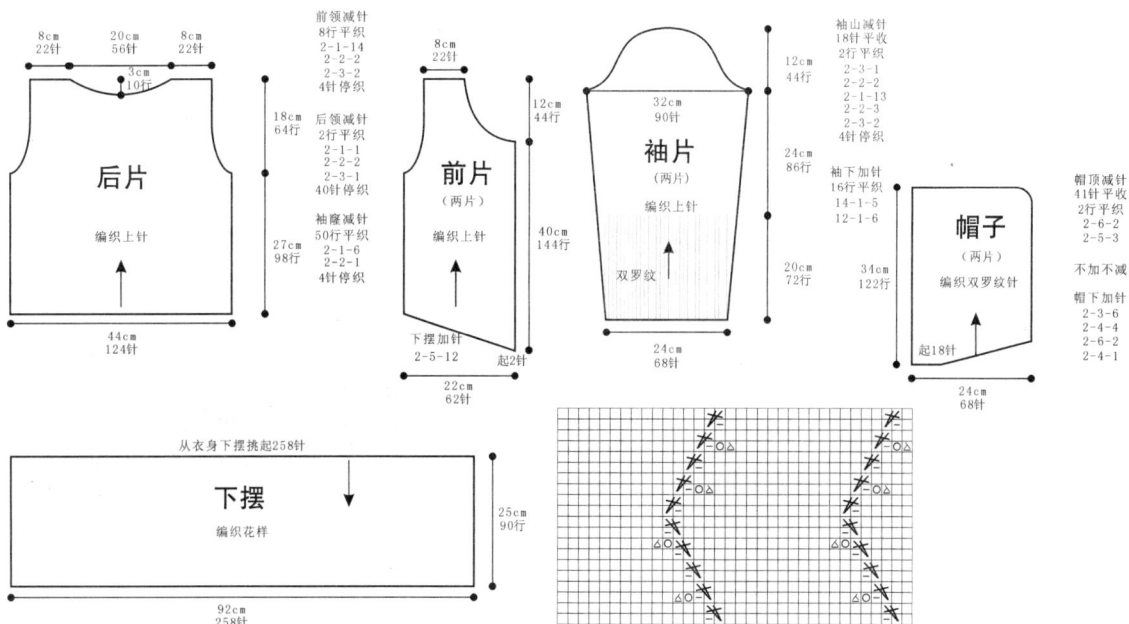

后片

编织上针

8cm 22针　20cm 56针　8cm 22针
3cm 10行
18cm 64行
后领减针
2行平织
2-1-1
2-2-2
2-3-1
40针停织
27cm 98行
袖窿减针
50行平织
2-1-6
2-2-1
4针停织
44cm 124针

前片（两片）

8cm 22针
12cm 44行
前领减针
8行平织
2-1-14
2-2-2
2-3-2
4针停织
编织上针
40cm 144行
下摆加针
2-5-12
起2针
22cm 62针

袖片（两片）

32cm 90针
编织上针
双罗纹
12cm 44行
袖山减针
18行平收
2行平织
2-3-1
2-2-1
2-1-13
2-2-3
2-3-2
4针停织
24cm 86行
袖下减针
16行平织
14-1-5
12-1-6
20cm 72行
24cm 68针

帽子（两片）

编织双罗纹针
起18针
帽顶减针
41针平收
2行平织
2-6-2
2-5-3
不加不减
帽下加针
2-3-6
2-4-4
2-6-2
2-4-1
24cm 68针

下摆

从衣身下摆挑起258针
编织花样
25cm 90行
92cm 258针

【成品尺寸】衣长75cm　胸围100cm　肩宽38cm　袖长62cm

【工具】4mm棒针

【材料】深灰色粗羊毛线

【密度】10cm²：15针×20行

【附件】黑色皮草　牛角扣3枚

【制作方法】1.后片起75针，按花样A织12cm长后改下针，下针织45cm长按后片编织图减针成袖窿，织61cm长按编织图减针成后领口，衣长75cm。

2.前片起33针按花样A编织12cm，衣袋口处织花样A4cm长收针，回织时在衣袋口处加15针继续按花样B编织，织45cm长按前片编织图减针成袖窿，织50cm长按编织图减针成前领口，前片织两片。

3.衣袋在加针处挑20针按衣袋编织方向织12cm后缝合成衣袋。

4.缝合前、后片及袖子，在衣领口处挑80针按帽子编织图织帽子，在帽沿处缝黑色皮草作装饰。钉好牛角扣。再沿前衣片衣襟挑针按花样A织6cm宽衣襟，收针，完成。

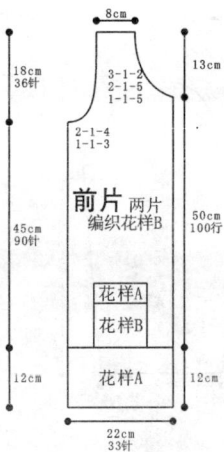

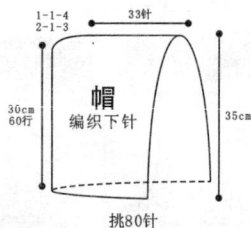

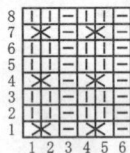

花样A

下针

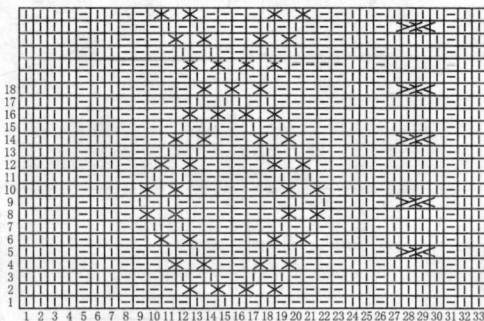

花样B

魅力翻领毛衣

【成品尺寸】胸围92cm　肩宽38cm　衣长83cm　袖长58cm

【工具】3mm棒针

【材料】夹丝特色线藏蓝色800g、黑色100g

【密度】10cm²：26针×32行

【制作方法】1.后片：起120针，编织平针30cm后改织花样5cm，然后继续织平针30cm后收袖窿，最后两行收后领。

2.前片：编织方法与后片相同。

3.袖片：起52针编织双罗纹针8cm，然后分散加针加至78针，编织平针32cm后收袖山，编织两片。

4.缝合：将前、后片与袖片缝合。

5.领：挑起150针，编织双罗纹针，注意反针用黑色线，正针用藏蓝色线织。编织30cm后收针。

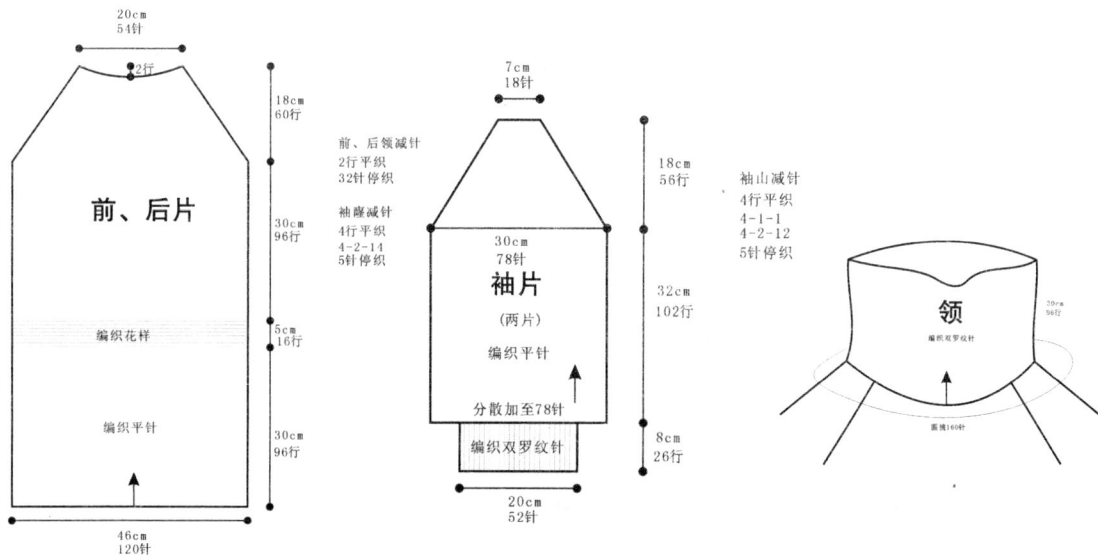

花样针法

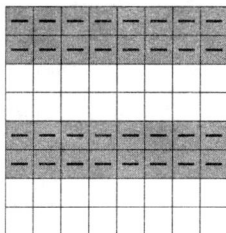

双罗纹针

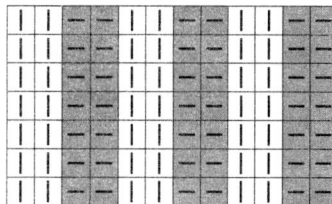

【成品尺寸】胸围82cm　衣长52cm　袖长50cm

【工具】9号棒针　10号棒针

【材料】咖啡色夹花中粗马海毛线600g

【密度】10cm²：22针×23行

【制作方法】1.单片用10号棒针起88针，编织双罗纹，织13cm后换9号棒针织下针。织23cm后按图留袖窿及领窝。

2.袖片由袖口织起，起40针织双罗纹边，织6cm后每1针加1针，共加40针，织14cm后每3针并1针，收掉26针剩54针，然后按图示腋下加针。

3.另起190针织领，织上针，两侧每行减一针同时减针织18行后收针，按图缝合，然后缝在衣身上。

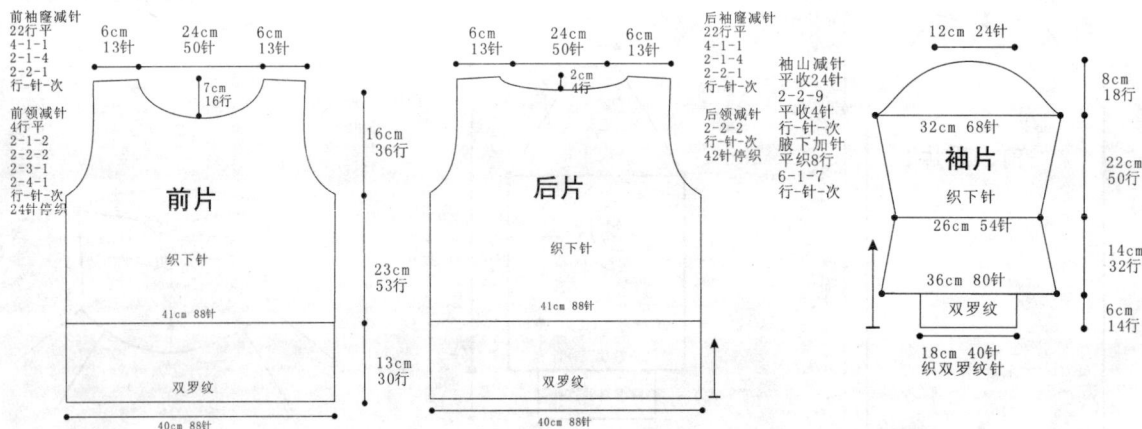

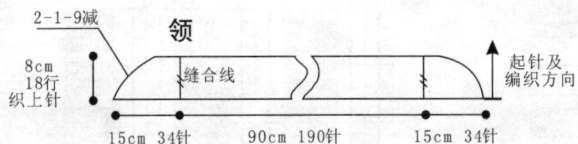

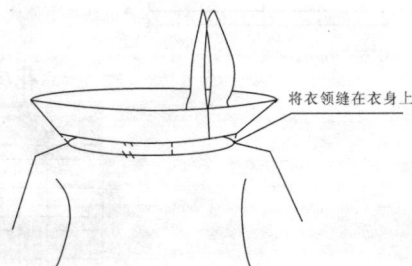

前片

前袖窿减针
22行平
4-1-1
2-1-4
2-2-1
行-针-次

前领减针
4行平
2-1-2
2-2-2
2-3-1
2-4-1
行-针-次
24针停织

6cm 13针　24cm 50针　6cm 13针

7cm 16行

16cm 36行

织下针

23cm 53行

41cm 88针

13cm 30行

双罗纹

40cm 88针

后片

6cm 13针　24cm 50针　6cm 13针

2cm 4行

后袖窿减针
22行平
4-1-1
2-1-4
2-2-1
行-针-次

后领减针
2-2-2
行-针-次
42针停织

织下针

41cm 88针

40cm 88针

袖片

12cm 24针

8cm 18行

袖山减针
平收24针
2-2-9
平收4针
行-针-一次
腋下加针
平织8行
6-1-7
行-针-一次

32cm 68针

22cm 50行

袖片

织下针

26cm 54针

14cm 32行

36cm 80针

6cm 14行

双罗纹

18cm 40针
织双罗纹针

领

2-1-9减

8cm 18行 织上针

缝合线

15cm 34针　90cm 190针　15cm 34针

起针及编织方向

将衣领缝在衣身上

麻花纹翻领装

【成品尺寸】衣长55cm　胸围96cm　肩宽38cm　袖长62cm

【工具】4mm棒针

【材料】灰黑花色中粗羊毛线

【密度】10cm²：15针×20行

【附件】纽扣10枚

【制作方法】1.后片起72针，织10cm长双罗纹针，然后改织花样，织27cm长按后片编织图减针成袖窿及后领口，衣长55cm。

2.衣前片起48针，先织10cm长双罗纹针，然后改花样，织27cm长后按衣后片编织图减针成袖窿及前领口，前衣右片衣襟处留8个扣眼。

3.袖口起40针，织10cm长双罗纹针，然后改织花样，且每织6行后袖两边各放一针，共放8针，织36cm长后，按编织图减针成袖山留7针，收针。

4.缝合前、后片及袖子，领口共挑80针，织花样，长20cm，收针成衣领。在衣襟钉8枚扣，领口处钉2枚，完成。

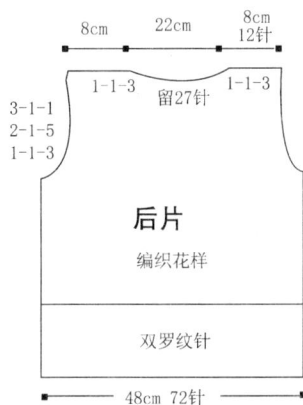

后片

编织花样

双罗纹针

8cm　22cm　8cm 12针

1-1-3　留27针　1-1-3

3-1-1
2-1-5
1-1-3

48cm 72针

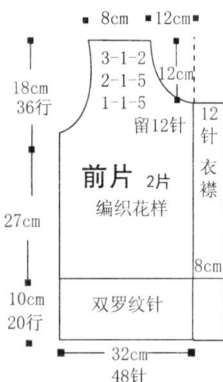

前片 2片

编织花样

双罗纹针

8cm　12cm

3-1-2
2-1-5
1-1-5
留12针

12针 12cm

12针 衣襟

8cm

18cm 36行

27cm

10cm 20行

32cm
48针

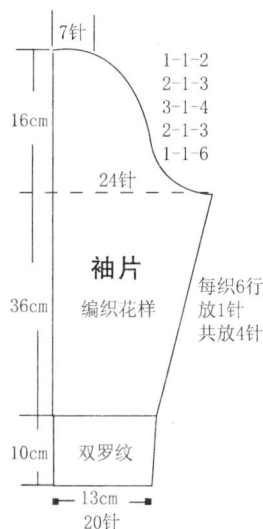

袖片

编织花样

双罗纹

7针

1-1-2
2-1-3
3-1-4
2-1-3
1-1-6

24针

16cm

36cm

每织6行放1针 共放4针

10cm

13cm
20针

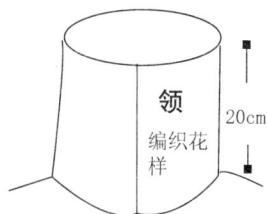

领

编织花样

20cm

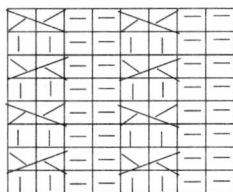

花样

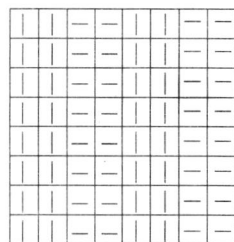

双罗纹针

【成品尺寸】衣长75cm　胸围96cm　肩宽38cm　袖长58cm

【工具】4mm棒针

【密度】10cm^2：15针×20行

【材料】黑白花色中粗羊毛线

【制作方法】1.后片起90针，织10cm长双罗纹针。然后改织下针，织37cm长后，并针打折保留72针。再织10cm，照编织图示减针成后片袖窿及后领口。

2.前片起45针，织10cm双罗纹针，改织下针35cm长后，并针打折留36针，再织10cm照编织图示减针成前片袖窿及前领口。

3.袖子起40针，织8cm的双罗纹针后，加针至60针，织下针18cm，并针打折留50针，再织10cm后，按编织图减针成袖山。

4.缝合前、后片及袖片，顺前衣襟挑115针织单罗纹4cm长收针，顺领口挑105针，按领编织图织单罗纹10cm长，收针。起9针织150cm长的装饰带，完成。

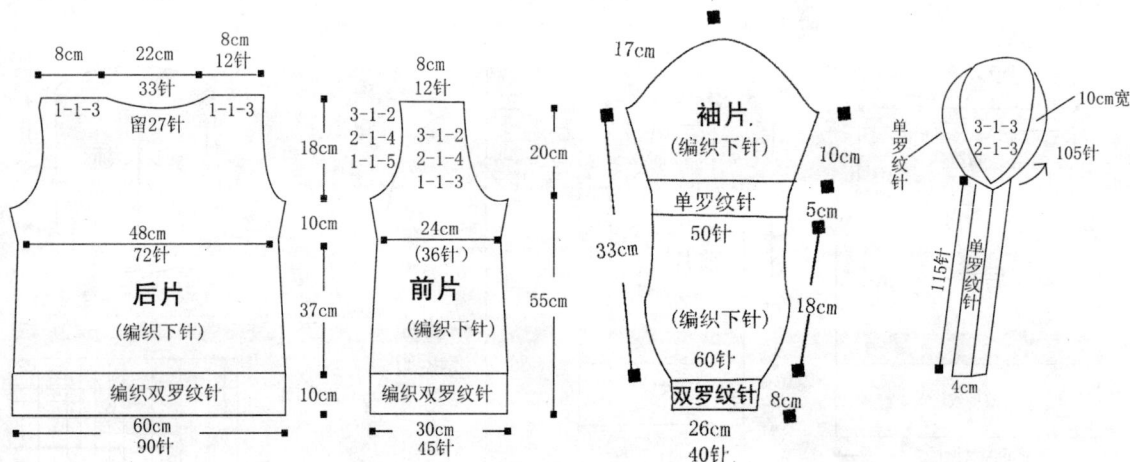

后片
(编织下针)

8cm　22cm　8cm
12针
33针
1-1-3　留27针　1-1-3
18cm
10cm
48cm
72针
37cm
编织双罗纹针
10cm
60cm
90针

前片
(编织下针)

8cm
12针
3-1-2
2-1-4
1-1-5
3-1-2
2-1-4
1-1-3
20cm
24cm
(36针)
10cm
55cm
编织双罗纹针
10cm
30cm
45针

袖片.
(编织下针)

17cm
单罗纹针
50针
(编织下针)
60针
双罗纹针
10cm
5cm
18cm
33cm
8cm
26cm
40针

单罗纹针
10cm宽
3-1-3
2-1-3
105针
单罗纹针
115针
单罗纹针
4cm

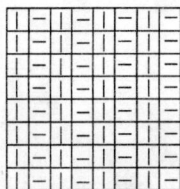

单罗纹针

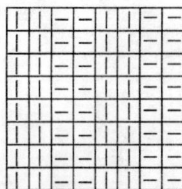

双罗纹针

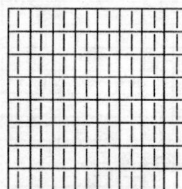

全下针

长款垂坠领装

【成品尺寸】胸围88cm 肩宽36cm 衣长80cm 袖长58cm

【工具】4号棒针

【材料】黑色毛线1600g 白色毛线100g

【密度】10cm² : 21针×30行

【制作方法】1.前片：全下针编织，普通起针法起92针，编织4行后按配色图解编织，开始和结尾6针为黑色；按腋下减针织6cm后按腋下加针织14cm；按袖窿减针及前领减针织出袖窿和前领。

　　2.后片：类似于前片，不同为开领见后领减针。

　　3.下摆(两片)：单罗纹起针法起100针，单罗纹织2cm；按下摆减针下针织32cm后收针，按相同方式织出另一片。

　　4.袖片(两片)：双罗纹起针法起52针，双罗纹织7cm；按袖下加针下针织38cm后按袖山减针织出袖山，按相同方式织出另一片。

　　5.整理：前片和后片肩部、腋下缝合；下摆两片摆缝缝合；上身与下摆缝合；袖片袖下缝合，装袖。

　　6.领：圈织，前领和后领各挑60针、46针。织3cm后按领加针加到118针，继续往上织17cm后收针。

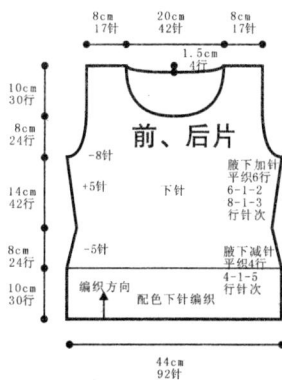

前、后片

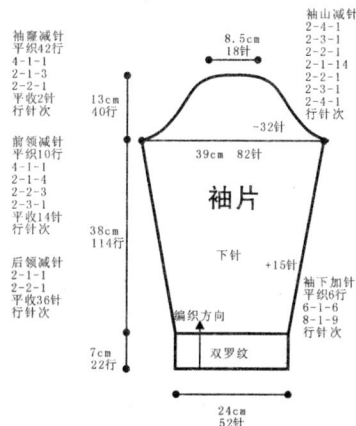

袖片

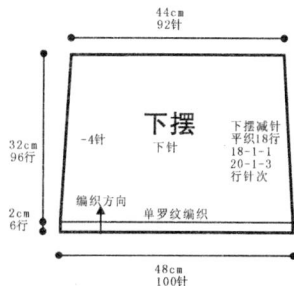

下摆

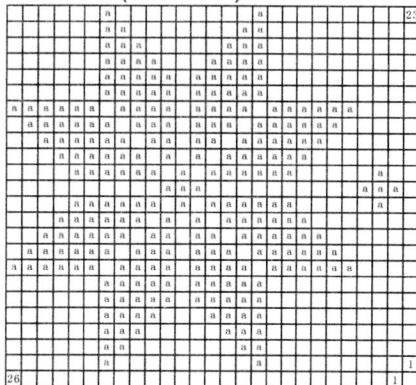

配色图解(下针编织)

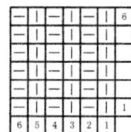

单罗纹

双罗纹

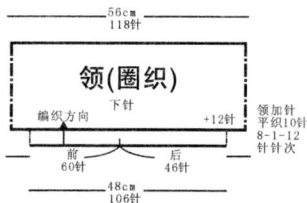

领(圈织)

【成品尺寸】胸围96cm 衣长70cm 肩宽38cm 袖长50cm
【工具】13号棒针
【材料】灰色羊毛绒线650g
【密度】10cm²：30针×40行
【制作方法】1.前、后片：起180针，按图示顺序20针织下针，20针织上针，间隔编织，并且按每10行在上针编织区内轮流减2针共减18次，36针，然后改织下针，织52cm长后，按编织图减针成前、后片的袖窿及领口。

　　2.袖片：起78针，织5cm长单罗纹针，按袖片编织图平织40行后，按每10行放1针，放到9针，织29cm长后，减针成袖山。

　　3.缝合：将前、后片及袖片进行缝合。

　　4.领：挑180针，织单罗纹针25cm长，收针完成。

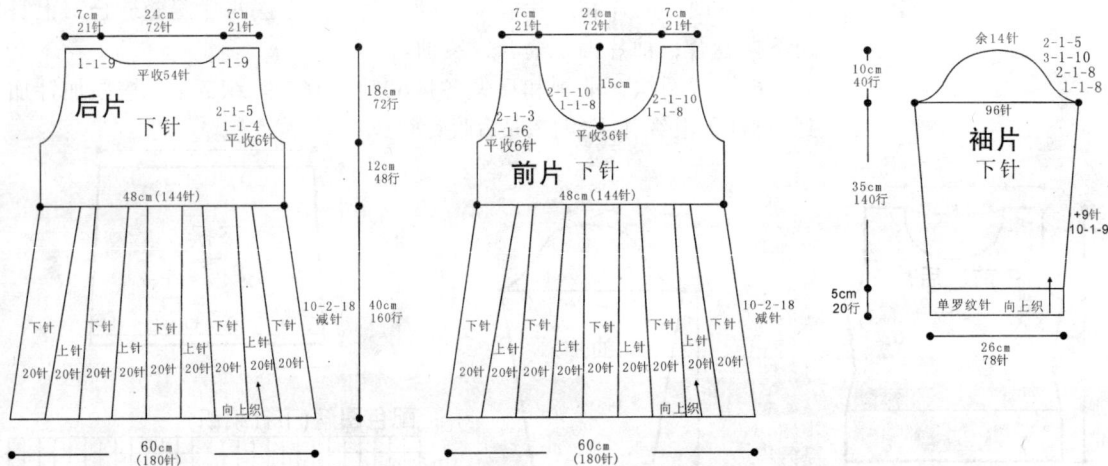

后片 下针
7cm 21针　24cm 72针　7cm 21针
1-1-9　平收54针　1-1-9
2-1-5　1-1-4　平收6针
18cm 72行
12cm 48行
48cm（144针）
10-2-18 减针
40行 160行
下针 上针 下针 上针 下针 上针 下针 上针 下针
20针 20针 20针 20针 20针 20针 20针 20针 20针
向上织
60cm（180针）

前片 下针
7cm 21针　24cm 72针　7cm 21针
2-1-10　1-1-8　15cm
2-1-3　1-1-6　2-1-10　1-1-8
平收36针
48cm（144针）
10-2-18 减针
下针 上针 下针 上针 下针 上针 下针 上针 下针
20针 20针 20针 20针 20针 20针 20针 20针 20针
向上织
60cm（180针）

袖片 下针
余14针
2-1-5　3-1-10　2-1-8　1-1-8
10cm 40行
96针
35cm 140行
+9针　10-1-9
5cm 20行
单罗纹针 向上织
26cm 78针

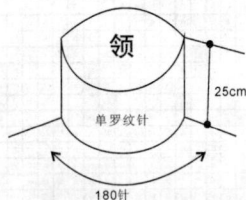

领
25cm
单罗纹针
180针

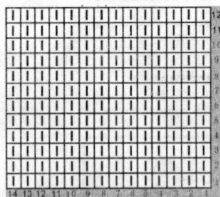
下针

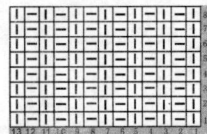
单罗纹针

160

紧身V领毛衣

【成品尺寸】衣长70cm　胸围96cm　肩宽38cm　袖长62cm

【工具】4mm棒针

【材料】藏蓝色中粗羊毛线

【密度】10cm²：15针×20行

【附件】拉链1条

【制作方法】1.后片起72针，织12cm长双罗纹针，然后改织下针，织52cm长后，照编织图示减针成后片袖窿及后领口。

2.前片起41针，织12cm双罗纹针，改织下针5cm长后，分两部分，织21针的部分往衣襟方向内挑12针，两边分开织12cm长后，在袋口处挑12针织袋口，再合并成41针继续编织至52cm，按衣前片编织图减针成衣前片袖窿及领口。

3.袖子起40针，织12cm的双罗纹后，改织下针，袖两侧每织6行放1针每侧放4针，织46cm后按图示减针成袖山。

4.缝合前、后衣片及袖子，再在前后领口处挑80针按编织帽的图示织帽子，装上拉链，完成。

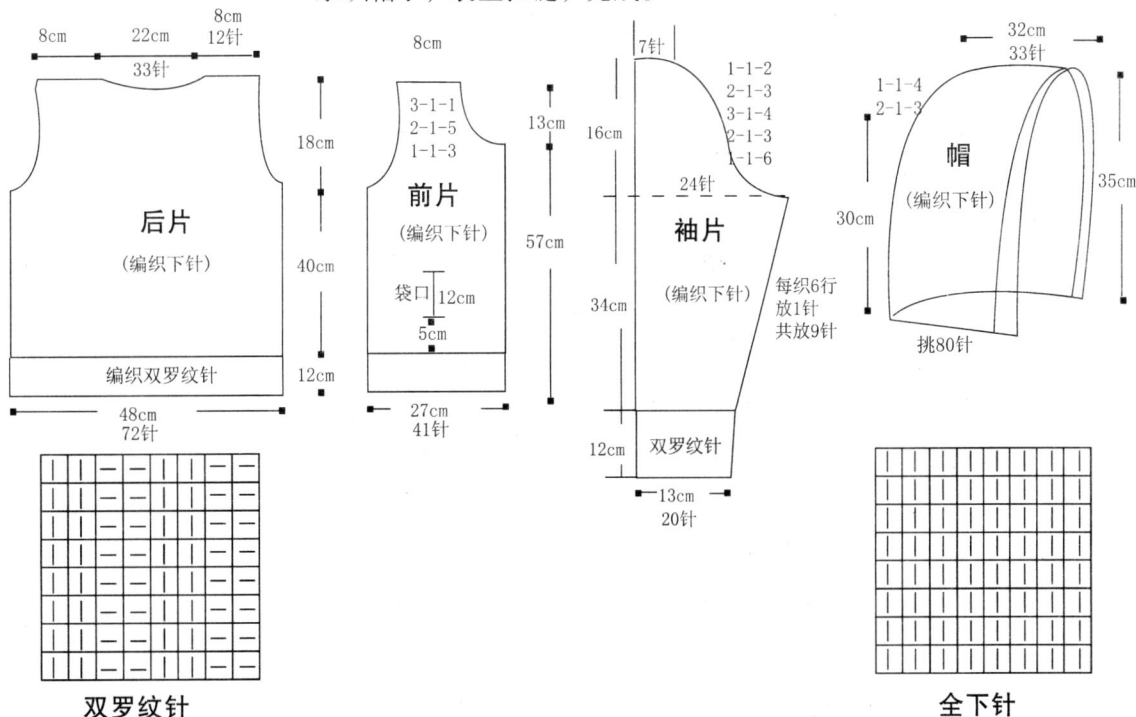

后片
（编织下针）
8cm　22cm　8cm
12针
33针
18cm
40cm
12cm
编织双罗纹针
48cm
72针

前片
（编织下针）
8cm
3-1-1
2-1-5
1-1-3
13cm
57cm
袋口 12cm
5cm
27cm
41针

袖片
（编织下针）
7针
1-1-2
2-1-3
3-1-4
2-1-3
1-1-6
16cm
24针
34cm
每织6行放1针共放9针
双罗纹针
12cm
13cm
20针

帽
（编织下针）
32cm
33针
1-1-4
2-1-3
30cm
35cm
挑80针

双罗纹针

全下针

【成衣尺寸】胸围92cm　肩宽37cm　衣长70cm　袖长56cm

【工具】2.25mm棒针

【材料】黑色兔绒500g

【密度】$10cm^2$：28针×36行

【附件】金色亚克力贴片若干

【制作方法】1.后片：起128针，先编织5cm双罗纹针后改织平针，47cm后收袖窿，在离衣长5cm时收后领。

2.前片：起128针，同后片一样编织，在离衣长12cm收前领。

3.袖片：起56针，编织双罗纹针21cm后一次性加至100针，编织22cm后如图所示收袖山，在还剩两行时，一次性收至18针。编织两片。

4.缝合：将前片、后片、袖片缝合。

5.领：挑148针编织双罗纹针，3cm后收针。

6.收尾：如图，将金色亚克力贴片贴与前片下摆上方。

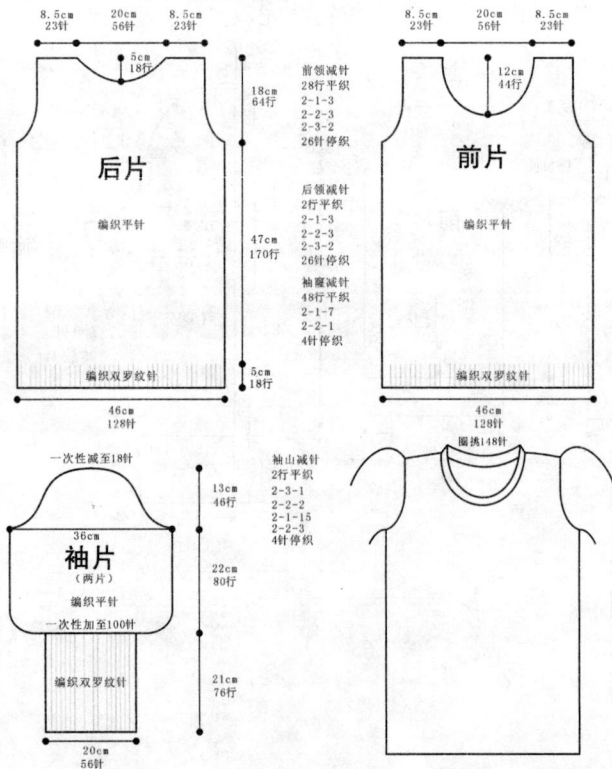

后片
编织平针
编织双罗纹针

8.5cm 23针　20cm 56针　8.5cm 23针
5cm 18行
18cm 64行
47cm 170行
5cm 18行
46cm 128针

前片
编织平针
编织双罗纹针

8.5cm 23针　20cm 56针　8.5cm 23针
12cm 44行
46cm 128针

前领减针
28行平织
2-1-3
2-2-3
2-3-2
26针停织

后领减针
2行平织
2-1-3
2-2-3
2-3-2
26针停织

袖窿减针
48行平织
2-1-7
2-2-1
4针停织

袖片
（两片）
编织平针
编织双罗纹针

一次性减至18针
36cm
一次性加至100针
13cm 46行
22cm 80行
21cm 76行
20cm 56针

袖山减针
2行平织
2-3-1
2-2-2
2-1-15
2-2-3
4针停织

圈挑148针

162

长款圆领毛衣

【成品尺寸】衣长75cm　胸围96cm　肩宽38cm　袖长60cm

【工具】13号棒针

【材料】藏蓝色羊毛绒线

【密度】10cm²：30针×40行

【制作方法】1.后片：起144针，织8cm单罗纹针后，织49cm下针，按编织图示减针成后衣片袖窿及后领口。

2.前片：分上下两部分织，上部分起144针，织10cm下针，按编织图示减针成前衣片袖窿及领口；下部分起174针，织8cm单罗纹针再织5cm下针后照编织图减针、放针成衣袋口，再织5cm长下针，收针，从袋口挑100针织10cm长单罗纹针，单独织衣内袋，起60针织30cm长，缝合成衣袋，缝合衣前片上下部分。

3.袖片：起40针，织8cm长双罗纹针后，织20cm下针，再织8cm长单罗纹针，然后按编织图放针及减针成袖山。

4.缝合：衣前、后片及袖片后，在领口处挑100针，织单罗纹针10cm长，收针，完成。

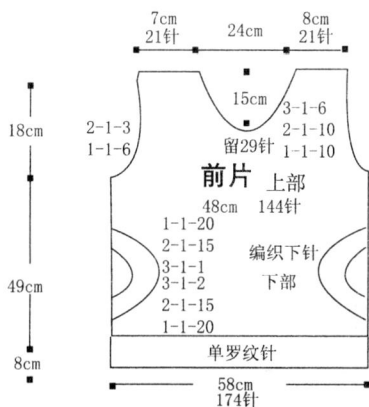

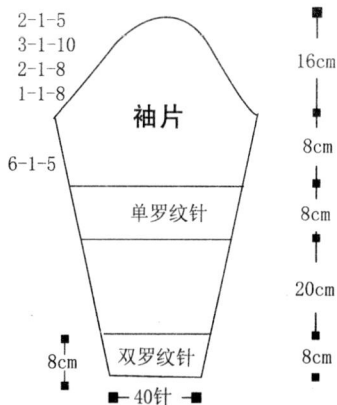

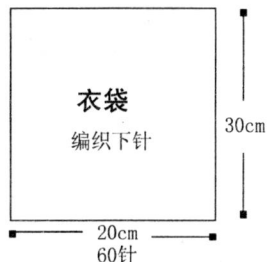

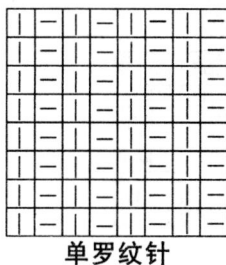

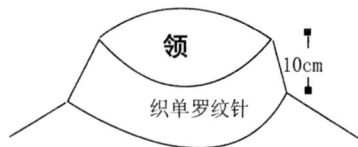

后片

7cm 21针　24cm　8cm 21针

1-1-6　留29针　1-1-6

2-1-4
1-1-5

编织下针

单罗纹针

48cm
144针

18cm

49cm

8cm

前片 上部

7cm 21针　24cm　8cm 21针

15cm

2-1-3
1-1-6

留29针

3-1-6
2-1-10
1-1-10

48cm
144针

编织下针
下部

1-1-20
2-1-15
3-1-1
3-1-2
2-1-15
1-1-20

单罗纹针

58cm
174针

袖片

2-1-5
3-1-10
2-1-8
1-1-8

6-1-5

单罗纹针

双罗纹针

40针

16cm

8cm

8cm

20cm

8cm

衣袋

编织下针

30cm

20cm
60针

单罗纹针

领

织单罗纹针

10cm

163

【成品尺寸】衣长60cm　胸围96cm　肩宽38cm　袖长60cm

【工具】13号棒针

【材料】褐色、白色、红色羊毛绒线

【密度】10cm²：30针×40行

【制作方法】1.前、后片上部：起144针，按图示配色花样编织，织长至5cm收针成袖窿及领口。

2.前、后片下部：起336针，织16行双层下针成衣脚，2针并1针留168针按前、后衣片编织图示、编织花样织52cm，按胸围96cm缝合前、后衣片上、下部分。

3.袖片：起114针，织32cm的下针后改织双罗纹，按编织图减针成袖山，缝合袖子。

4.领：挑150针，织4cm长单罗纹针，收针，完成。

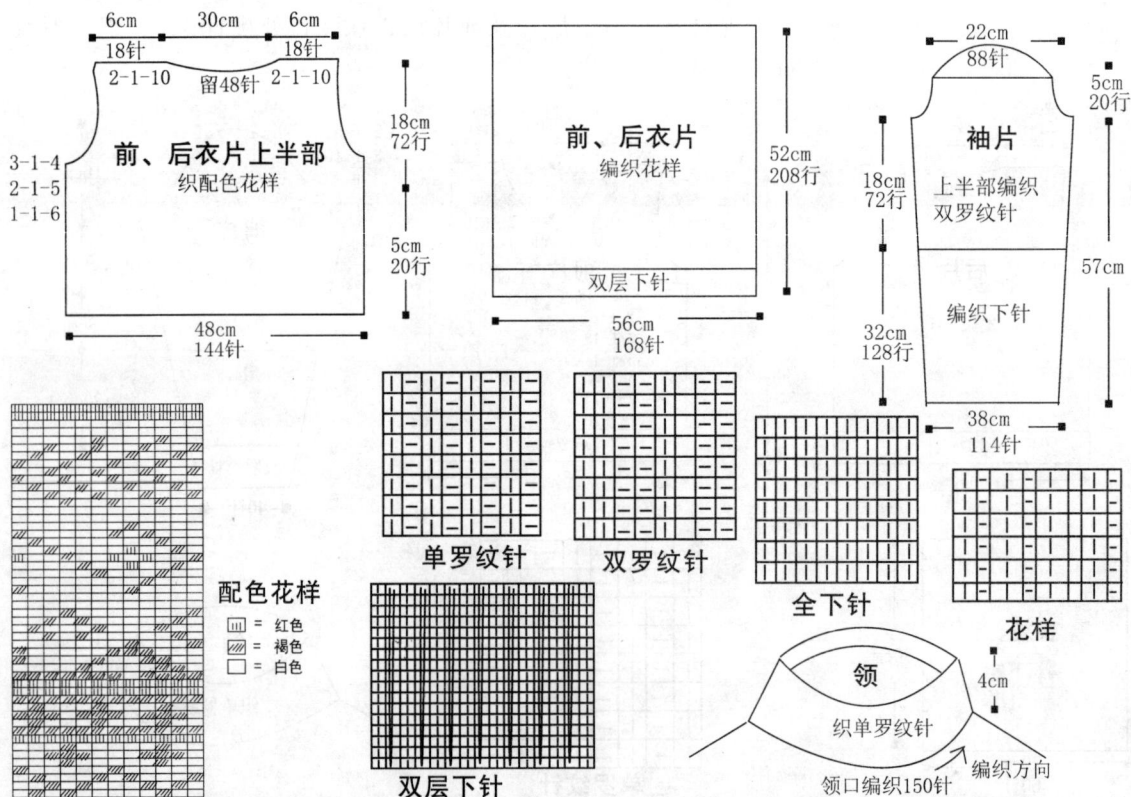

6cm　30cm　6cm
18针　　　18针
2-1-10　留48针　2-1-10

前、后衣片上半部
织配色花样

3-1-4
2-1-5
1-1-6

18cm
72行

5cm
20行

48cm
144针

前、后衣片
编织花样

52cm
208行

双层下针

56cm
168针

22cm
88针

袖片
上半部编织
双罗纹针

编织下针

5cm
20行

18cm
72行

32cm
128行

57cm

38cm
114针

配色花样

Ⅲ = 红色
▨ = 褐色
□ = 白色

单罗纹针

双罗纹针

全下针

花样

双层下针

领
织单罗纹针

4cm

领口编织150针　编织方向

连帽翻领毛衣

【成品尺寸】胸围84cm　制作衣长52cm　袖长48cm

【工具】10号棒针　8号棒针

【材料】黑色粗毛线600g

【密度】$10cm^2$：22针×23行

【附件】毛皮领1条　拉链1条

【制作方法】1.单片用10号棒针编织前片起44针，后片起88针，编织双罗纹，织6cm后换8号棒针织衣身，织28cm后按图留袖窿及领窝。

　　2.袖片：由袖口织起，起42针织双罗纹边，织10cm后每3针加1针，共加14针，然后按图示腋下加针。

　　3.将毛皮领缝在毛衣领口，拉链缝在门襟上。

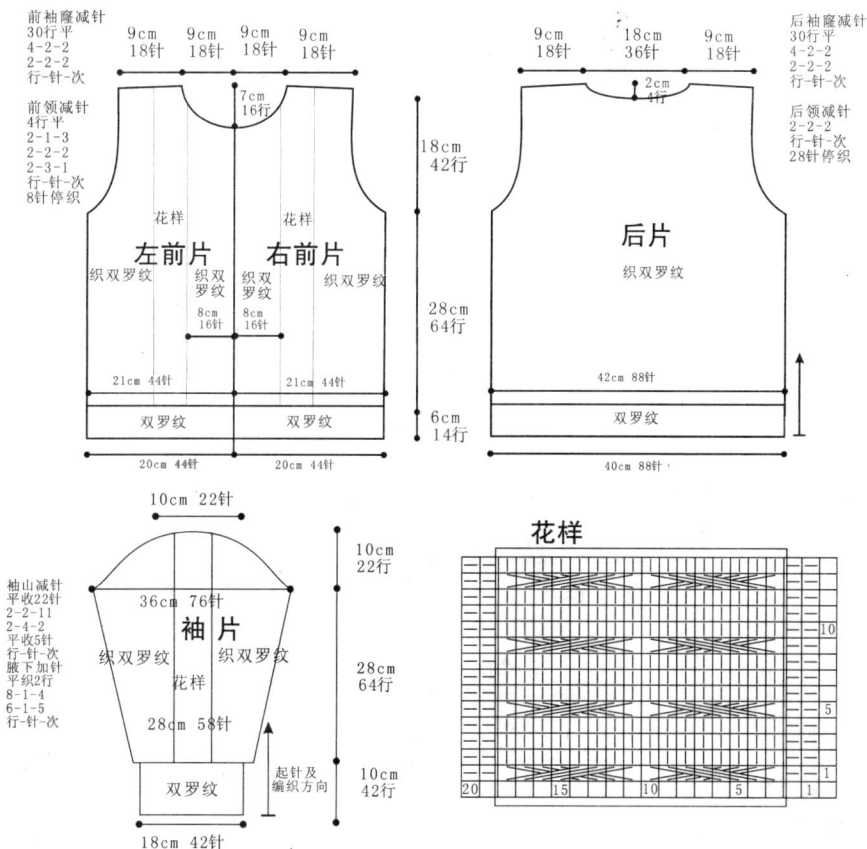

前袖窿减针
30行平
4-2-2
2-2-2
行-针-次

前领减针
4行平
2-1-3
2-3-2
2-3-1
行-针-次
8针停织

9cm 9cm 9cm 9cm
18针 18针 18针 18针

7cm
16行

18cm
42行

左前片　**右前片**

花样　花样

织双　织双　织双　织双罗纹
罗纹　罗纹
8cm　8cm
16针　16针

28cm
64行

21cm 44针　21cm 44针

6cm
14行

双罗纹　双罗纹

20cm 44针　20cm 44针

后袖窿减针
30行平
4-2-2
2-2-2
行-针-次

后领减针
2-2-2
行-针-次
28针停织

9cm 18cm 9cm
18针 36针 18针

2cm
4行

后片

织双罗纹

42cm 88针

双罗纹

40cm 88针

10cm 22针

袖山减针
平收22针
2-2-11
2-4-2
平收5针
行-针-次
腋下加针
平织2针
8-1-4
6-1-5
行-针-次

36cm 76针

10cm
22行

袖片

织双罗纹　织双罗纹
花样

28cm 58针

28cm
64行

起针及
编织方向

双罗纹

10cm
42行

18cm 42针

花样

【成品尺寸】胸围84cm　衣长56cm　袖长50cm

【工具】14号棒针

【材料】黑色绒线500g　红色、咖啡色、绿色绒线各50g

【密度】$10cm^2$：34针×42行

【附件】拉链1条

【制作方法】1.单片用14号棒针编织。前片起75针后片起150针编织双层空心针，其他部分织下针，按图解留出腰线、袖窿和领。另织后领缝在衣片上，领边也织2cm双层空心针，按图另用彩色线织门襟部分每12行换一次颜色，织好后缝在门襟上装好拉链，按图解织帽子，缝在衣服上。

2.用彩色线织袖片，缝在衣片上，另用黑色线织口袋缝在衣服上。

前袖窿减针
66行平
2-1-2
2-2-3
行-针-收一次
平收4针
前领减针
2-2-4
行-针-收一次
平收27针

前襟斜线部分加针
平织4行
10-1-9
行-针-次

腰上加针
平织6行
10-1-7
腰下减针
6-1-2
8-1-8
行-针-次

10cm 34针　11cm 35针

11cm 35针　10cm 34针

织下针
左前片
19cm 65针

2cm 8行

22cm 94行

织下针
右前片
19cm 65针

28cm 118针

起针及编织方向

22cm 75针　　22cm 75针

18cm 76行

10cm 34针　16cm 52针　10cm 34针

2cm 6行

后袖窿减针
66行平
2-1-2
2-2-3
行-针-收一次
平收4针

后领减针
2-2-3
行-针-收一次
40针停织

织下针
后片
42cm 144针

18cm 76行

38cm 130针

18cm 76行

腰上加针
平织6行
10-1-7
腰下减针
6-1-2
8-1-8
行-针-次

2cm 8行

44cm 150针

8cm 27针　8cm 27针

8cm 8行

斜线部分加针
平织4行
6-1-15
行-针-次

织双罗纹

22cm 94行

28cm 118针

起针及编织方向

3.5cm 12针　3.5cm 12针

9.5cm 32针

袖山减针
平织32针
2-2-18
平收5针
腋下加针
6-1-7
8-1-12
行-针-次

36cm 114针

袖片
织下针

24cm 76针

22cm 76针
织双罗纹

起针及编织方向

8.5cm 36行

33cm 138行

8.5cm 36行

起针及编织方向

起130针织领，织好缝在衣服上

8cm 34针

织下针

22cm 74针

帽

24cm 100行

起针及编织方向

斜线部分减针
6-1-10
4-1-10
行-针-次

16cm 54针

56cm 24行

2-2-12

12cm 50针

口袋
织下针

14cm 48针

衣带

160cm 672行

4cm 12针　织单罗纹

红色束腰长袖衫

【成品尺寸】衣长65cm　胸围96cm　肩宽38cm　袖长60cm

【工具】4mm棒针

【材料】红色中粗羊毛线

【密度】10cm²：15针×20行

【制作方法】1.前、后片各起72针，织8cm长双罗纹针。然后前片部分织花样A，后片部分织花样B，织20cm长，再改织10cm长的双罗纹针，然后前片部分织花样C，后片部分织花样B，织至47cm按编织图减针成后片和前片袖窿及领口。

2.袖片起40针，织8cm的双罗纹后，改织花样C，然后每织9行放1针，一共放8针，织44cm后按编织图两边减成袖山。

3.缝合前、后片及袖片，再在后领口处挑80针按编织帽的图示织帽子，完成。

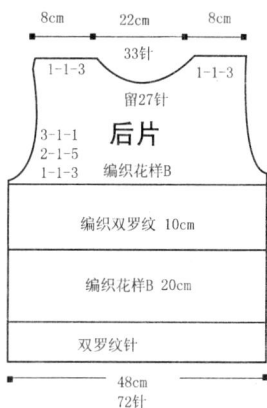

后片

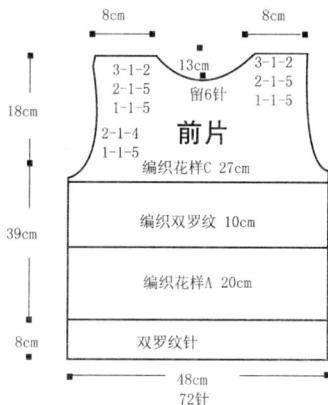

前片

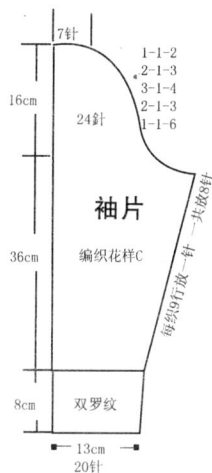

袖片

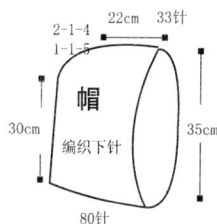

帽

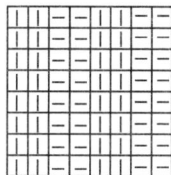

双罗纹针

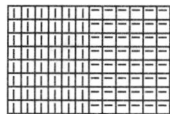

花样A

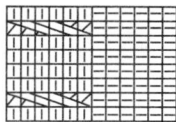

花样B

腰带

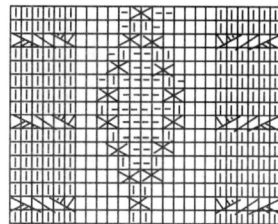

花样C

【成品尺寸】胸围92cm　肩宽36cm　衣长80cm　袖长56cm

【工具】2mm棒针

【材料】红色兔绒500g

【密度】10cm²：42针×66行

【附件】橡皮筋　搭扣1枚

【制作方法】1.后片：起194针编织双罗纹针，54cm后收后领，8cm后开始收袖窿。

2.前片：起194针编织双罗纹针，62cm后收袖窿，3cm后收前领。

3.袖片：分两部分进行，起110针编织双罗纹针并如图示进行加针，20cm后收袖窿，编织两片。下部分起210针编织平针26cm，同样编织两片，上下缝合，缝合时注意均匀打褶，袖口内侧缝上橡皮筋。

4.腰饰：起22针编织双罗纹针25cm，编织两片，装好搭扣。

5.缝合：先将前、后片缝合，缝合时注意腰间加入饰片，然后再上袖子。领口挑起适合的针数，编织1cm平针收机器口。

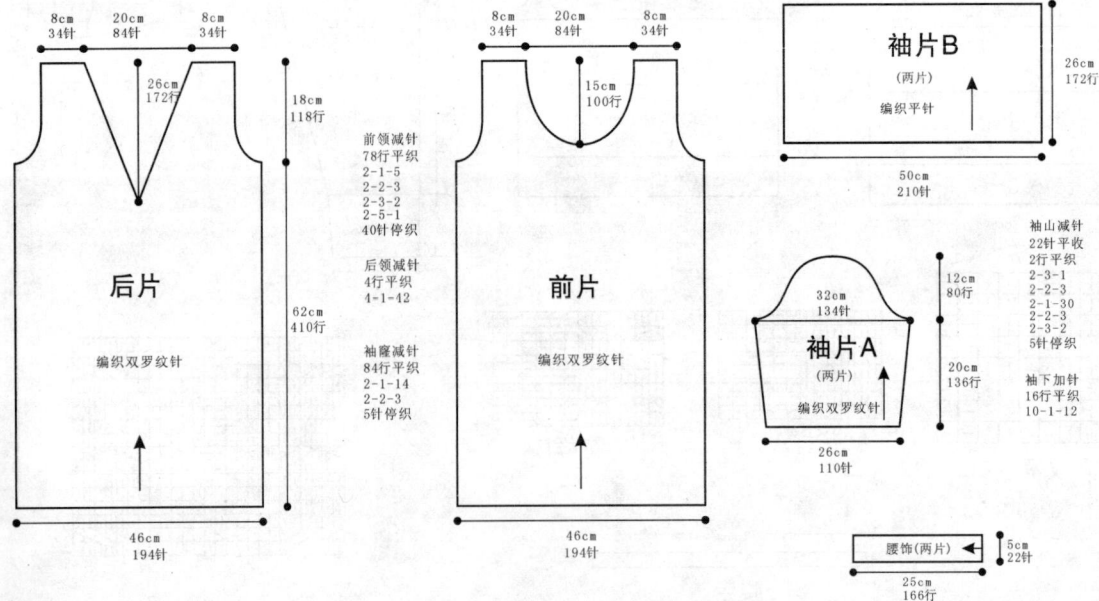

后片

8cm 34针　20cm 84针　8cm 34针

26cm 172行

18cm 118行

62cm 410行

编织双罗纹针

46cm 194针

前片

8cm 34针　20cm 84针　8cm 34针

15cm 100行

前领减针
78行平织
2-1-5
2-2-3
2-3-2
2-5-1
40针停织

后领减针
4行平织
4-1-42

袖窿减针
84行平织
2-1-14
2-2-3
5针停织

编织双罗纹针

46cm 194针

袖片B

（两片）

编织平针

26cm 172行

50cm 210针

袖片A

（两片）

编织双罗纹针

32cm 134针

26cm 110针

12cm 80行

20cm 136行

袖山减针
22针平收
2行平织
2-3-1
2-2-3
2-1-30
2-2-3
2-3-2
5针停织

袖下加针
16行平织
10-1-12

腰饰（两片）

5cm 22针

25cm 166行

修身短袖长款装

【成衣尺寸】胸围90cm　肩宽37cm　衣长70cm

【工具】6mm棒针

【材料】AB棉线红色200g、灰色200g、白色200g、军绿色100g

【密度】10cm²：16针×22行

【制作方法】1.后片：起72针编织花样，50cm后收袖窿，在离衣长3cm处收后领。

2.前片：起72针编织花样，50cm后收袖窿，在离衣长10cm处收前领。

3.口袋：起16针编织8针上针，8针下针，15cm后收针，编织两片，缝在前片适合的位置。

4.缝合：将前、后片缝合。袖口挑适合的针数编织双罗纹针3cm。

5.领：起80针，编织单罗纹针15cm后收针，缝在衣领处，注意开口在中心点左侧。

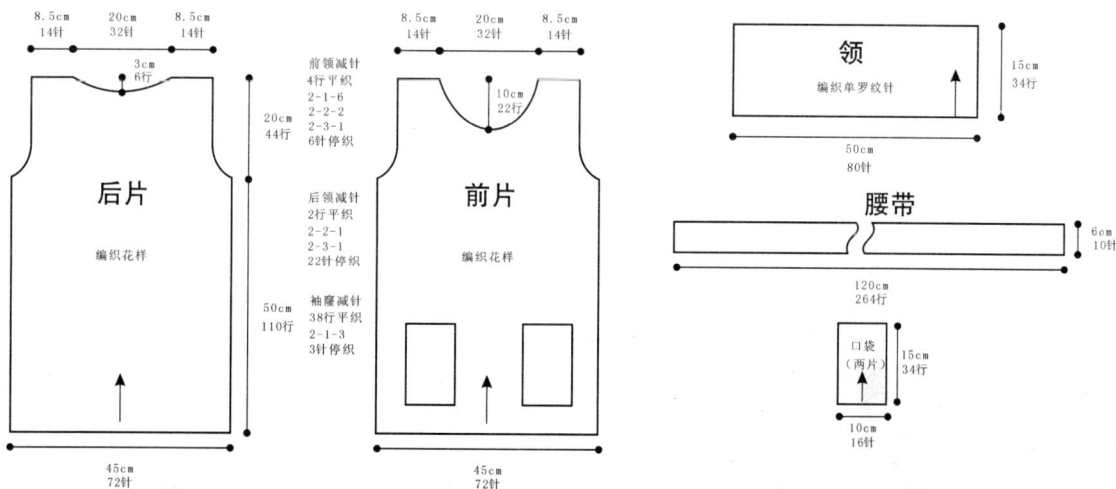

8.5cm 14针　20cm 32针　8.5cm 14针

3cm 6行

20cm 44行

后片
编织花样

50cm 110行

45cm 72针

8.5cm 14针　20cm 32针　8.5cm 14针

10cm 22行

前领减针
4行平织
2-1-6
2-2-2
2-3-1
6针停织

后领减针
2行平织
2-2-1
2-3-1
22针停织

袖窿减针
38行平织
2-1-3
3针停织

前片
编织花样

45cm 72针

领
编织单罗纹针

15cm 34行

50cm 80针

腰带

6cm 10针

120cm 264行

口袋
（两片）

15cm 34行

10cm 16针

花样

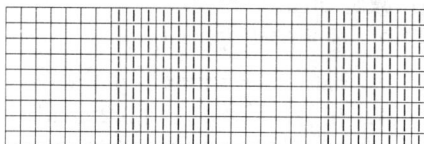

169

【成品尺寸】胸围92cm　肩宽36cm　衣长78cm　袖长12cm

【工具】2mm棒针

【材料】紫色丝光羊毛线500g

【密度】10cm^2：32针×48行

【附件】同色系亮片若干

【制作方法】1.后片：起148针，编织5cm双罗纹针，然后改织平针，织55cm后收袖窿，在离衣长3cm时收后领。

　　2.前片：编织方法同后片一样，在离衣长6cm时收前领。前片从右肩开始，呈放射状缝好亮片。

　　3.袖片：起104针，编织双罗纹针，并如图示进行减针收袖山，编织两片。

　　4.缝合：将前、后片与袖片缝合。

　　5.领：圈挑起140针，编织反针18cm。

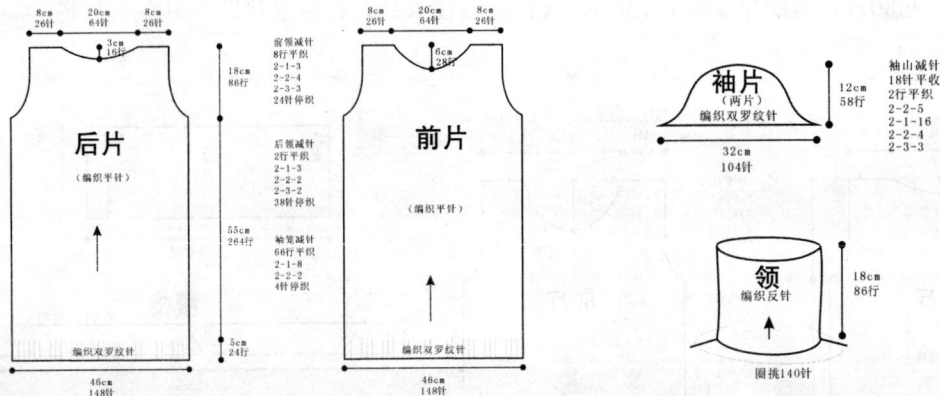

后片
（编织平针）

8cm 20cm 8cm
26针 64针 26针
3cm
16针

18cm
86行

后领减针
8行平织
2-1-3
2-2-3
2-3-3
24针停织

后领减针
2行平织
2-1-3
2-2-2
38针停织

55cm
264行

编笼减针
66行平织
2-1-8
2-2-2
4针停织

5cm
24行

编织双罗纹针

46cm
148针

前片
（编织平针）

8cm 20cm 8cm
26针 64针 26针
6cm
28针

编织双罗纹针

46cm
148针

袖片
（两片）
编织双罗纹针

12cm
58行

袖山减针
18针平收
2行平收
2-2-5
2-1-16
2-2-4
2-3-3

32cm
104针

领
编织反针

圈挑140针

18cm
86行

紫色短袖毛衫

【成品尺寸】胸围88cm　衣长54cm　袖长20cm

【工具】3.25mm棒针　3.75mm棒针

【材料】紫色毛线600g

【密度】10cm^2：28针×30行

【制作方法】1．后片用3.25mm棒针，起126针织底边花样A，织8cm后改用3.75mm棒针织花样B16cm，然后两侧各加56针继续织，肩部及领口减针如图。

　　2．前片编织方法同后片。

　　3．将前、后片相应部分缝合。

　　4．在前、后领窝处用3.25mm棒针共挑144针织花样A，12cm后换用3.75mm棒针继续织18cm收针即可。

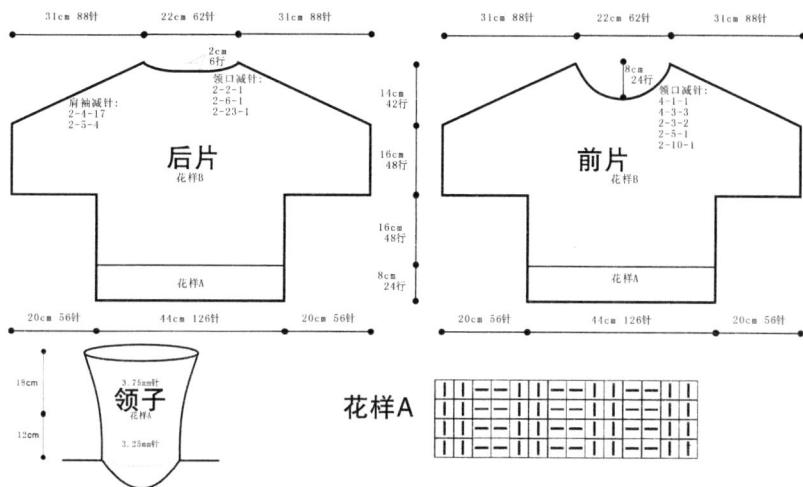

后片
花样B

肩袖减针:
2-4-17
2-5-4

31cm 88针　22cm 62针　31cm 88针

2cm 6行

领口减针:
2-2-1
2-6-1
2-23-1

14cm 42行

16cm 48行

16cm 48行

8cm 24行

花样A

20cm 56针　44cm 126针　20cm 56针

前片
花样B

31cm 88针　22cm 62针　31cm 88针

8cm 24针

领口减针:
4-1-1
4-3-3
2-3-2
2-5-1
2-10-1

花样A

20cm 56针　44cm 126针　20cm 56针

领子
花样A

18cm

12cm

3.75mm针

3.25mm针

花样A

花样B: 4针20行一个花样

【成品尺寸】胸围92cm　肩宽36cm　衣长60cm　袖长12cm

【工具】2mm棒针

【材料】紫色丝光羊毛线400g

【密度】10cm²: 32针×48行

【附件】同色系亮片若干

【制作方法】1.后片：起148针，编织4cm双罗纹针，然后改织平针，38cm后收袖窿，在离衣长3cm时收后领。

　　2.前片：编织方法同后片一样。前片从右肩开始，呈放射状缝好亮片。

　　3.袖片：起104针，编织双罗纹针，并如图示进行减针收袖山，编织两片。

　　4.缝合：将前、后片与袖片缝合。

　　5.领：圈挑起140针，编织反针18cm。

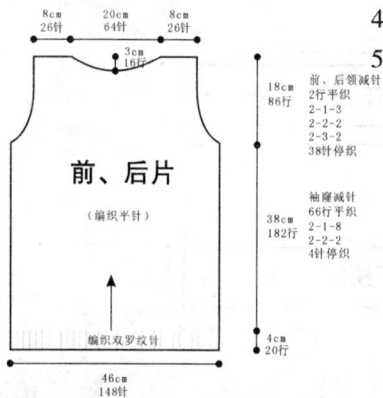

前、后片
（编织平针）

8cm 26针　20cm 64针　8cm 26针

3cm 16行

18cm 86行

前、后领减针
2行平织
2-1-3
2-2-2
2-3-2
38针停织

38cm 182行

袖窿减针
66行平织
2-1-8
2-2-2
4针停织

4cm 20行

编织双罗纹针

46cm 148针

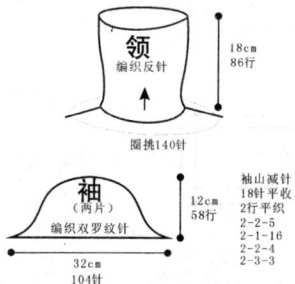

领
编织反针

圈挑140针

18cm 86行

袖
（两片）
编织双罗纹针

袖山减针
18行平收
2行平织
2-2-5
2-1-16
2-2-4
2-3-3

12cm 58行

32cm 104针

双罗纹针

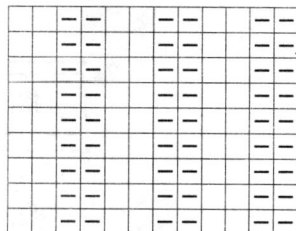

171

条纹束腰长衫

【成品尺寸】胸围88cm　肩宽36cm　衣长83cm　袖长45cm

【工具】2.5mm棒针

【材料】宝蓝色手编羊绒500g　烟灰色手编羊绒100g

【密度】10cm²：32针×44行

【制作方法】1.后片：起160针，编织平针并如图示减针，织43cm后不加不减往上织，织22cm后收袖窿，织14cm后收后领。

2.前片：分4片完成。先编织上半部分，起148针，编织平针，并如图示减针，织15cm后不加不减继续编织，织22cm后收袖窿，织6cm后收前领，然后如图示编织3片下摆。与前片的上半部分连接，连接时注意将上面一片的底边向里折进去2cm，然后缝合。

3.外前片：起70针，编织平针，织22cm后收袖窿和前领，编织两片。

4.袖片：起80针，用宝蓝色线编织6cm双罗纹针，然后改用灰色线和宝蓝色线交替编织平针，两色各24行，如图示进行加针，织27cm后收袖山，编织两片。

5.缝合：先将前、后片缝合，注意肩缝和侧缝都要把小马甲缝进去。然后再上袖子。

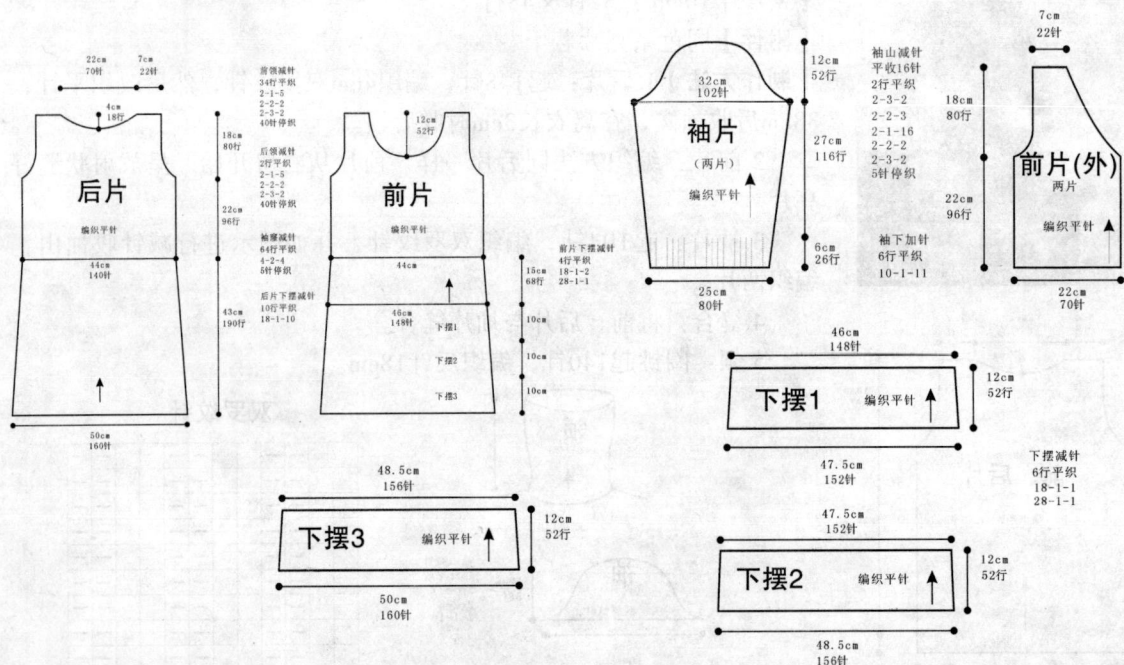

【成品尺寸】胸围86cm　肩宽36cm　袖长63cm　衣长75cm

【工具】6号棒针

【材料】红色毛线800g　深蓝色毛线1000g

【密度】10cm^2：20针×30行

【制作方法】1.前片：配色按图编织，双罗纹起针法起86针，双罗纹针织10cm；下摆减针下针织25cm后按下摆加针织22cm；按袖窿减针及前领减针织出袖窿和前领。

2.后片：类似于前片，不同为开领见后领开领。

3.袖片(两片)：配色按图编织。双罗纹起针法起48针，双罗纹针织10cm；按袖下加针织40cm后按袖山减针织出袖山。按相同方式织出另一片。

4.整理：前片和后片肩部、腋下缝合；袖片袖下缝合，装袖。

5.挑领：前领和后领各挑84针，单罗纹编织3cm后按领加针加到108针后再织17cm后单罗纹针收针。

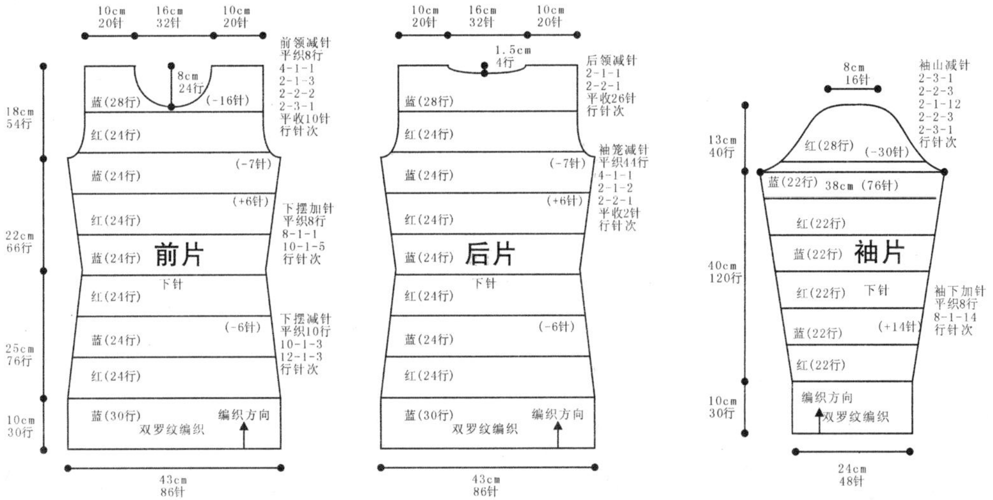

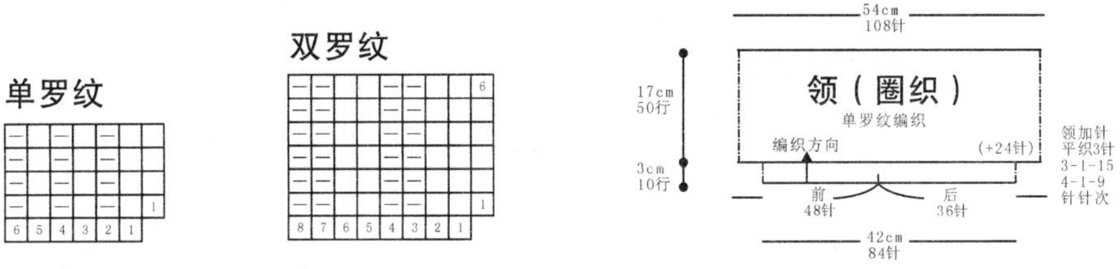

可爱淑女长袖衫

【成品尺寸】胸围82cm　衣长52cm　袖长48cm

【工具】14号棒针　13号棒针　小号钩针

【材料】绿色细毛线600g

【密度】10cm^2：36针×42行

【制作方法】1.14号棒针起针148针，编织双罗纹，织6cm后换13号棒针织下针。织28cm后按图留袖窿及领窝，袖窿按机器袖的方法减针。

2.袖片由袖口织起，起80针织双罗纹边，织10cm后每4针加1针，共加20针，然后按图示腋下加针。将绳穿入织出的小孔中做装饰。

3.另起78针织领，织65cm后收针，缝合。

4.按钩针图解钩两小片，编织2cm单罗纹，收针，缝在前片相应位置。

前片

前袖窿减针
60行平
4-2-4
行-针-次

前领减针
10行平
2-1-5
2-2-3
2-3-1
2-4-1
行-针-次
28针停织

8cm 34针　18cm 64针　8cm 34针

7cm 30行

18cm 76行

28cm 118行

前片 织下针

41cm 148针

6cm 25行

双罗纹

40cm 148针

后片

8cm 34针　18cm 64针　8cm 34针

后袖窿减针
60行平
4-2-4
行-针-次

后领减针
2-2-4
2-4-1
行-针-次
48针停织

2cm 8针

后片 织下针

41cm 148针

双罗纹

40cm 148针

袖片

12cm 38针

袖山减针
平收38针
2-4-3
2-2-20
2-4-2
平收6针
行-针-次
腋下加针
平织8针
8-1-10
6-1-5
行-针-次

36cm 130针

袖　片 织下针

28cm 100针

双罗纹

18cm 80针 织双罗纹针

10cm 42行

28cm 118行

10cm 42行

领

65cm 270行

22cm 78针
依次织
针下针
针上针

领

钩针部分

塑料硬环

袖中央织法

袖中线

【成品尺寸】衣长50cm　胸围96cm　肩宽38cm　袖长60cm

【工具】4mm棒针

【材料】浅蓝色粗羊毛线

【密度】$10cm^2$：15针×20行

【制作方法】1.后片：起72针，织扭针双罗纹针12cm长后改织花样A，织32cm长按后片编织图减针成袖窿，织48cm长按编织图减针成后领口，衣长50cm。

2.前片：起41针，织花样B。织32cm长按衣前片编织图减针成袖窿，织37cm长按编织图减针成前领口。

3.袖片：袖口起40针，织扭针双罗纹长12cm，改织花样A，织44cm长，按编织图减针成袖山。

4.缝合：缝合前、后片及袖子，在衣领口处挑80针，帽沿织双罗纹针，按花样C照图示编织，完成。

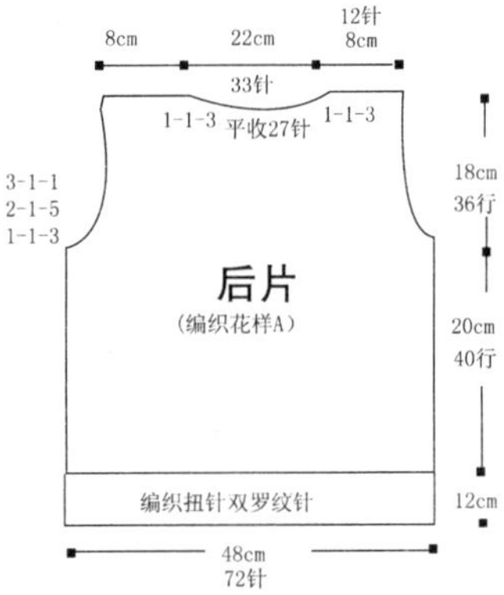

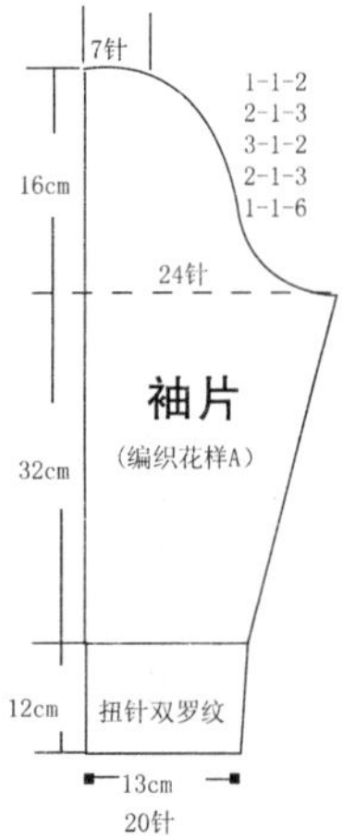

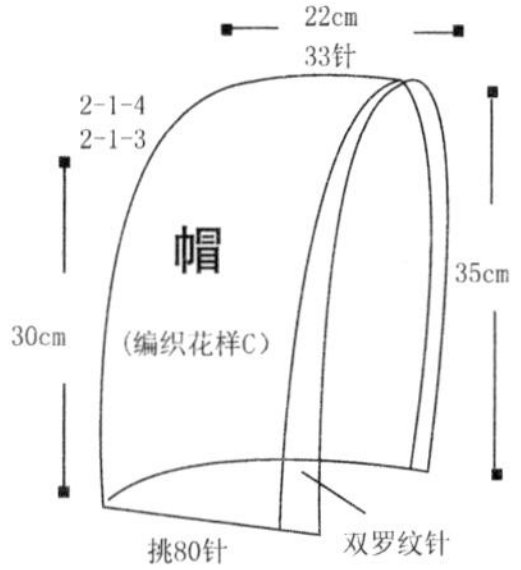

后片
(编织花样A)
编织扭针双罗纹针
8cm　22cm　12cm 8cm
33针
1-1-3　平收27针　1-1-3
3-1-1
2-1-5
1-1-3
18cm 36行
20cm 40行
12cm
48cm
72针

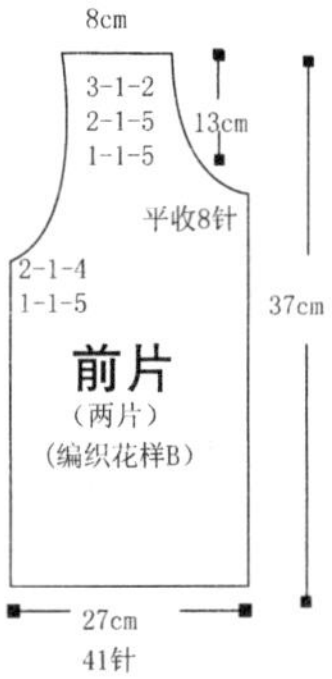

前片
(两片)
(编织花样B)
8cm
3-1-2
2-1-5
1-1-5
平收8针
2-1-4
1-1-5
13cm
37cm
27cm
41针

袖片
(编织花样A)
7针
1-1-2
2-1-3
3-1-2
2-1-3
1-1-6
24针
16cm
32cm
扭针双罗纹
12cm
13cm
20针

帽
(编织花样C)
22cm
33针
2-1-4
2-1-3
30cm
35cm
挑80针　双罗纹针

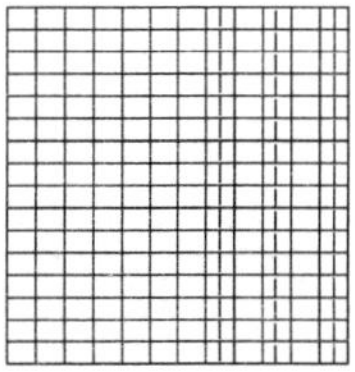

花样C □ = 曰

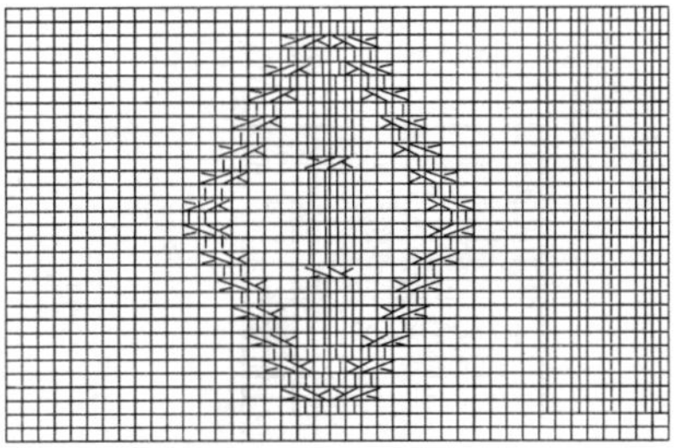

花样B □=曰 ◙=☒

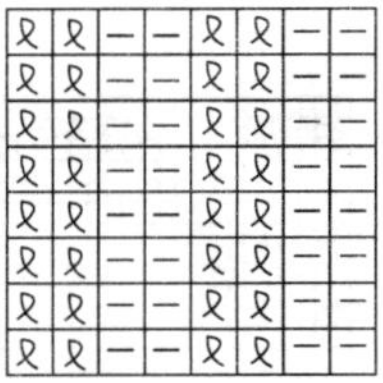

扭针双罗纹针

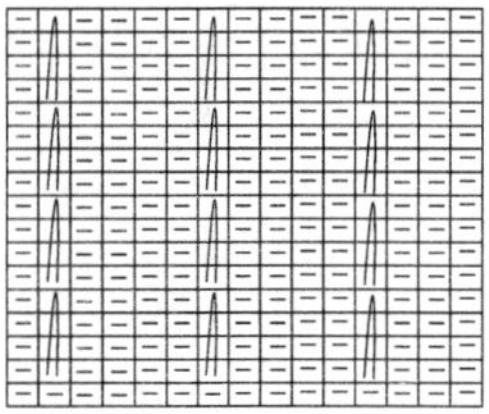

花样A

【成品尺寸】衣长55cm　胸围98cm　肩宽38cm　袖长60cm

【工具】4mm棒针

【材料】天蓝色中粗羊毛线

【密度】10cm²：15针×20行

【附件】纽扣3枚

【制作方法】1.后片：起72针，织2cm长单罗纹针，然后按编织图的编织花样编织衣片，织37cm长后按图示减针成衣片的袖窿和后衣领口。

2.前片：起27针，织2cm长的单罗纹针后，每织2行放在眼里针，按图示编织花样编织前片，共放18针，前片45针，织衣长37cm后按编织图示减针成衣前片袖窿及衣前片领口。

3.袖片：袖口起40针，织10cm长双罗纹，然后按图示编织花样编织袖片，织44cm后，按编织图减针成袖山。

4.缝合：缝合前、后片及袖子后，衣襟平收12针后，挑针，共80针，织领子，领宽10cm，钉3枚纽扣，完成。

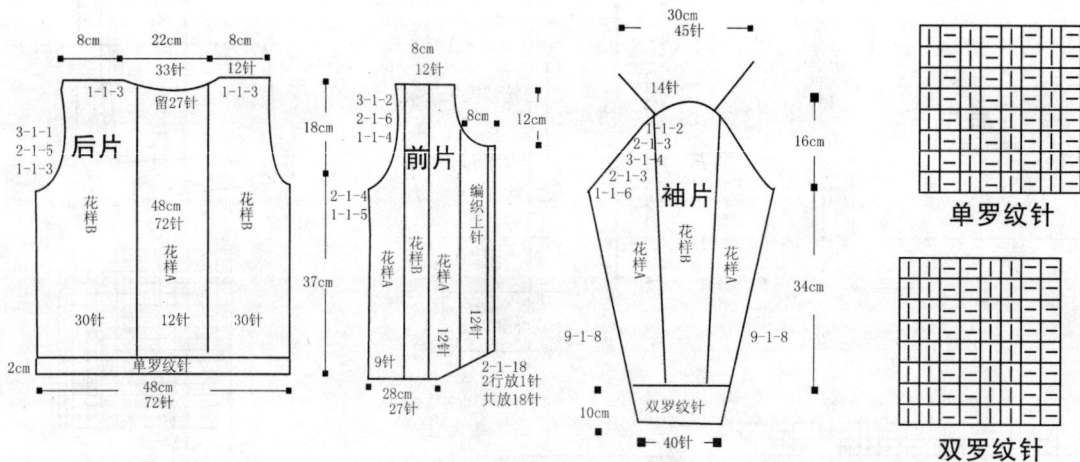

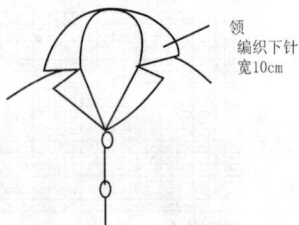

领
编织下针
宽10cm

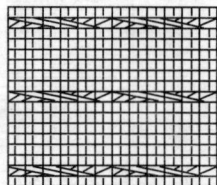

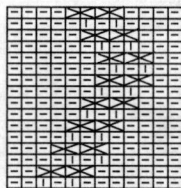

竖纹长袖毛衣

【成品尺寸】衣长77cm　胸围96cm　肩宽38cm　袖长73cm

【工具】4mm棒针

【材料】灰色中粗羊毛线

【密度】10cm²：15针×20行

【附件】纽扣3枚

【制作方法】1.后片：起72针，织双罗纹针，长62cm按编织图示减针成后片袖窿及后领口。

2.前片：起90针，织双罗纹针，织22行后，每织9行按衣前片编织图示收2针，收至72针，前片织52cm长时，分成两片织，按编织衣前片及领编织图示减针成前片袖窿及领，织77cm长，后领部两边各12针继续织双罗纹针长6cm，缝合收针。

38cm
57针

3-1-1
2-1-5
1-1-3

后片

（编织双罗纹针）

48cm
72针

15cm

62cm
124行

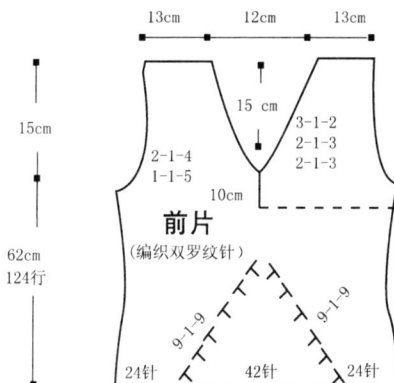

13cm　12cm　13cm

15 cm

3-1-2
2-1-3
2-1-3

2-1-4
1-1-5

10cm

前片

（编织双罗纹针）

9-1-9　　9-1-9

24针　　42针　　24针

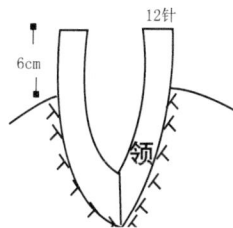

12针

6cm

领

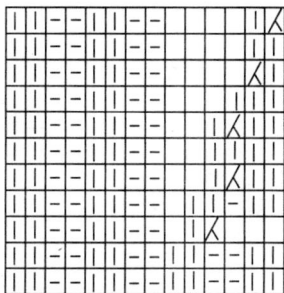

收针图

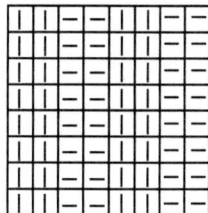

双罗纹针

【成品尺寸】胸围98cm　肩宽38cm　衣长76cm　袖长56cm

【工具】3.5mm棒针

【材料】藏青色AB毛线800g

【密度】10cm²：20针×28行

【附件】纽扣3枚

【制作方法】1.后片：起98针先编织5cm双罗纹针后改织花样，51cm后开始如图所示收袖窿，在离衣长3cm时收后领。

2.前片：起50针先编织5cm双罗纹针，然后改织花样，51cm后开始收袖窿，5cm后收前领。编织两片。

3.袖子：起44针先编织5cm双罗纹针，然后改织花样并如图示加针，39cm后收袖山。编织两片。

4.缝合：将前、后片与袖片进行缝合。

5.门襟：起12针编织单罗纹针，织到门襟长度停止，编织两条并缝在前片门襟处。钉好纽扣。

6.衣领：挑出适合的针数，编织单罗纹针，4cm后收针。

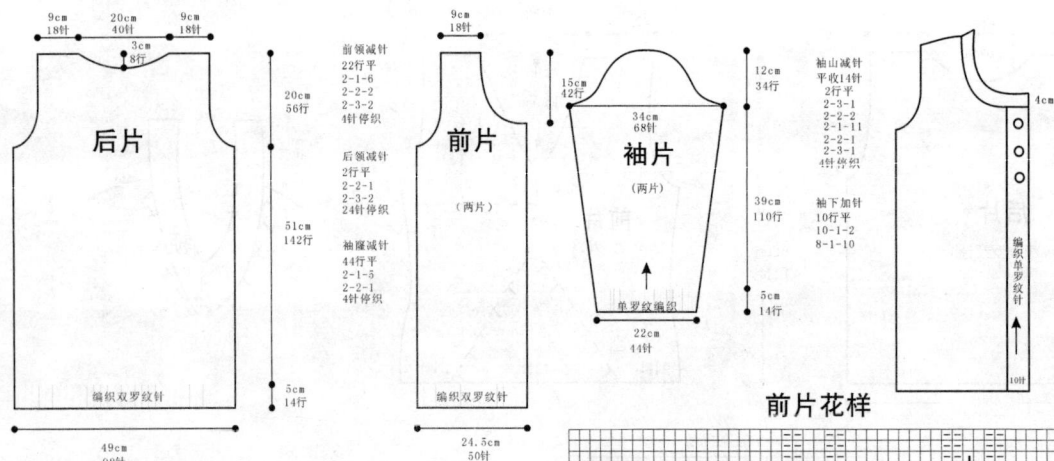

后片
9cm 18针　20cm 40针　9cm 18针
3cm 8针
20cm 56行
51cm 142行
5cm 14行
编织双罗纹针
49cm 98针

前片（两片）
9cm 18针
前领减针
22行平
2-1-6
2-2-2
2-3-2
4针停织
后领减针
2行平
2-2-1
2-3-2
24针停织
袖窿减针
44行平
2-1-5
2-2-1
4针停织
编织双罗纹针
24.5cm 50针

袖片（两片）
15cm 42行
34cm 68针
单罗纹编织
22cm 44针

12cm 34行
袖山减针
平收14针
2行平
2-3-1
2-2-2
2-1-11
2-2-1
2-3-1
4针停织
39cm 110行
袖下加针
10行平
10-1-2
8-1-10
5cm 14行

4cm
编织单罗纹针
10针

前片花样

后片、袖片花样

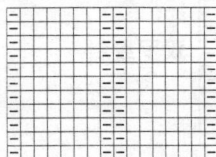

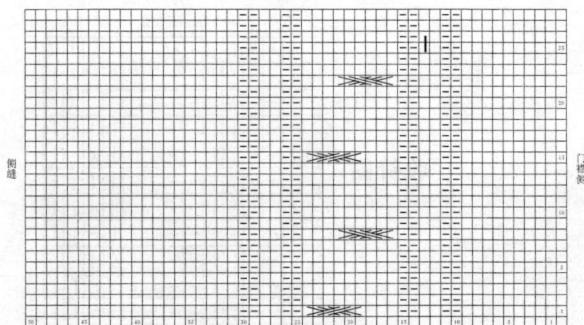

前片花样

雅致长袖毛衫

【成品尺寸】衣长65cm　胸围96cm　袖长58cm

【工具】4mm棒针

【材料】灰白色中粗羊毛线

【密度】10cm²：15针×20行

【制作方法】1.前、后片：起72针，织18cm长单罗纹针，然后改织花样，织39cm长后，按前、后片的编织图减针成斜肩和领口。

2.袖片：起40针，织单罗纹10cm后改织花样，袖两侧每织20行放一针，每侧放5针，织54cm后按编织图减针成斜肩，织8cm长后收针，留30针。

3.缝合：将前、后衣片及袖片进行缝合，领口挑220针，织双罗纹针，10cm长，收针，完成。

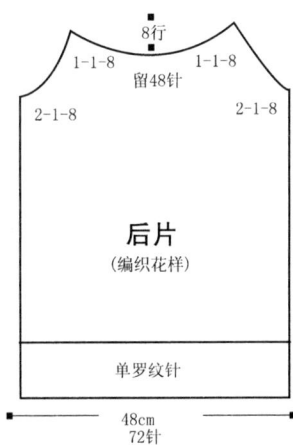

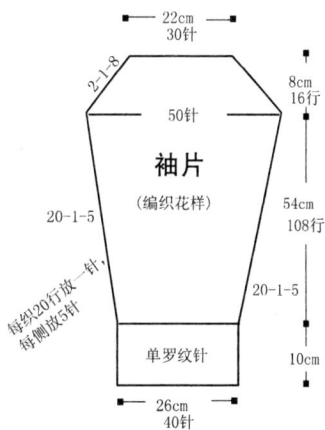

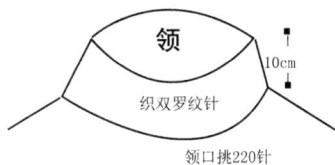

花样

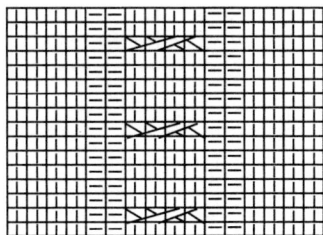

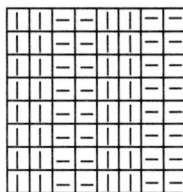

双罗纹针

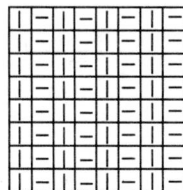

单罗纹针

【成品尺寸】胸围84cm　肩宽32cm　衣长59cm　袖长61cm

【工具】6号棒针

【材料】灰色毛线1100g

【密度】10cm²：17针×30行

【制作方法】1.前片(左右两片)：用普通起针法起34针，下针编织5cm后按前片花样图解编织，织完后下针编织处对折缝合。对称织出另一片前片，不同为扭花变为左上3针交叉。

　　2.后片：用普通起针法起71针，下针编织5cm；上针编织35cm；按袖窿减针和后领减针织出袖窿和后领，下摆5cm处对折缝合，在指定位置开系带洞。

　　3.袖片(两片)：用普通起针法起42针，下针编织5cm；按袖下加针上针织出袖下；按袖山减针上针织出袖山，下针编织处对折缝合。按相同方式织出另一片。

　4.整理：前片和后片肩部、腋下缝合；袖片袖下缝合，装袖。

　5.挑领：前领和后领各挑18针、38针、18针，按花样A、花样B编织(如领图)，最后4行织上针后收针。

　6.门襟(两条)：用普通起针法起11针，花样C编织55cm，织完后与身片门襟缝合。

　7.系带：织一根长100cm，宽1cm的系带，织完后穿过系带洞。

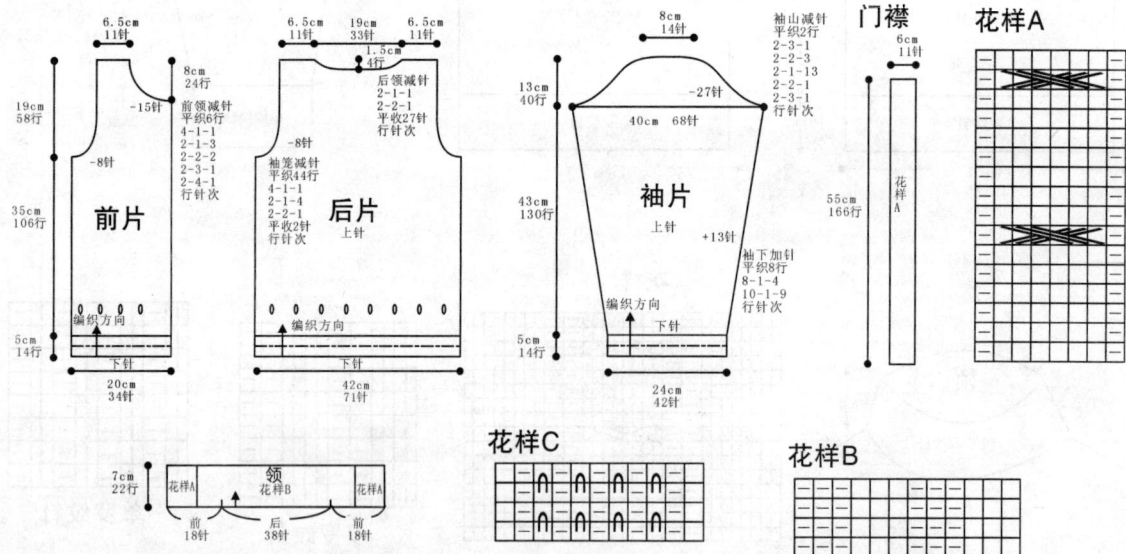

柔美长袖衫

【成品尺寸】胸围84cm　肩宽35cm　衣长60cm　后衣长45cm

【工具】6号棒针

【材料】米色线1000g

【密度】10cm²：15针×20行

【制作方法】1.身片：由同一片开始编织，到袖口处分片织。用普通起针法起189针，上针编织24cm后，按袖窿减针及身片图解开袖窿，分片织，分别织出右前片、后片、左前片。分别织18cm后收针。

　　2.袖片(两片)：用单罗纹起针法起36针，编织3cm；按袖下加针上针编织42cm后按袖山减针织袖山，织13cm后收针。按相同方法织出另一片。

　　3.领：用下针不卷边起针法起30针，下针编织126cm后收针。

　　4.底边装饰条：类似领，不同为起针为3针。

　　5.收尾：身片袖窿与袖片、袖山处缝合，留出袖山头、领和身片缝合；底边装饰条缝合在底边2cm处。

38cm 57针　34cm 51针　38cm 57针

18cm 36行

24cm 48行

左前片 上针　后片 上针　右前片 上针

-6针 -6针 -6针 -6针

袖窿减针 平织26行 4-1-1 2-1-3 平收2针 行针次

编织方向

126cm 189针

单罗纹

8 7 6 5 4 3 2 1

8cm 12针

袖山减针 2-3-1 2-2-3 2-1-7 2-2-1 2-3-1 行针次

13cm 26行

-21针

36cm 54针

袖片 上针

42cm 84行

袖下加针 平织8行 8-1-7 10-1-2 行针次
+9针

编织方向

3cm 6行　单罗纹

24cm 36针

126cm 252行

底边装饰条

下针

编织方向

2cm 3针

126cm 252行

领

下针

编织方向

20cm 30针

【成品尺寸】胸围98cm　肩宽38cm　衣长78cm　袖长56cm

【工具】3mm棒针

【材料】灰色毛线800g

【密度】10cm^2：15针×20行

【制作方法】1.后片：起128针，编织6cm双罗纹针，然后改织平针，织52cm后收袖窿，织14cm后收后领。

2.前片：起128针，编织6cm双罗纹针，然后改织平针，注意在左右两边各有4针织反针，织52cm后收袖窿与前领。

3.袖片：起58针，编织6cm双罗纹针，然后改织平针，中心部位有4针织反针，如图示加针，织38cm后收袖山，编织两片。

4.缝合：将前、后片与袖片缝合。

5.领：挑150针编织3cm双罗纹针。

6.围巾：起40针编织平针150cm。

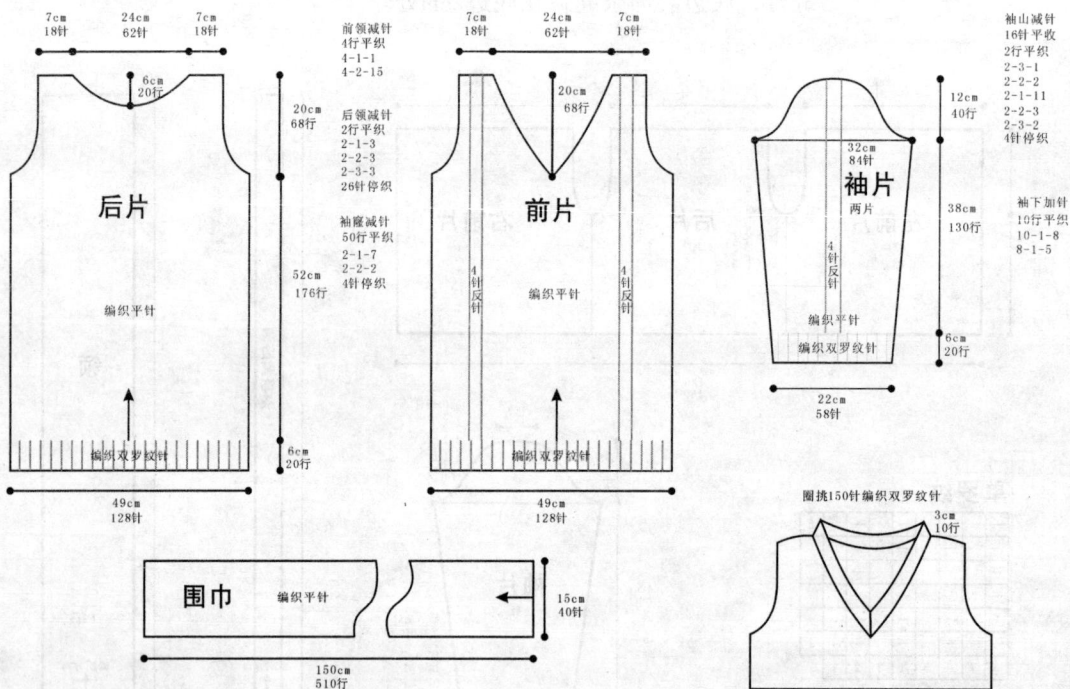

后片

7cm 18针　24cm 62针　7cm 18针

6cm 20行

20cm 68行

52cm 176行

6cm 20行

编织平针

编织双罗纹针

49cm 128针

前片

7cm 18针　24cm 62针　7cm 18针

前领减针
4行平织
4-1-1
4-2-15

后领减针
2行平织
2-1-3
2-2-3
2-3-3
26针停织

袖窿减针
50行平织
2-1-7
2-2-2
4针停织

20cm 68行

4针反针　4针反针

编织平针

编织双罗纹针

49cm 128针

袖片
两片

袖山减针
16针 平收
2行平织
2-3-1
2-2-2
2-1-11
2-2-3
2-3-2
4针停织

袖下加针
10行平织
10-1-8
8-1-5

12cm 40行

32cm 84针

38cm 130行

4针反针

编织平针

编织双罗纹针

6cm 20行

22cm 58针

围巾　编织平针

15cm 40针

150cm 510行

圈挑150针编织双罗纹针

3cm 10行

灰色系带长袖衫

【成品尺寸】衣长75cm　胸围96cm　肩宽38cm　袖长60cm

【工具】4mm棒针

【材料】灰白花色中粗羊毛线

【密度】$10cm^2$：15针×20行

【制作方法】1.后片：起72cm，衣脚织10cm长的双罗纹针，然后织花样，长47cm后按衣后片编织图减针成后片袖窿和领口。

2.前片：起41针，先织10cm长的双罗纹针，然后织花样，织15cm长时开衣服口袋，并按编织图示减针成衣前片的袖窿及领口。

3.袖片：起40针，织10cm长的双罗纹针，然后织花样，按袖片编织图示减针成袖山。

4.缝合：将前、后片和袖片缝合后，从前领口处开始挑80针按图织帽子，然后顺衣襟，沿帽沿挑280针，织双罗纹针3cm宽，收针，起10针织单罗纹120cm长的装饰带，完成。

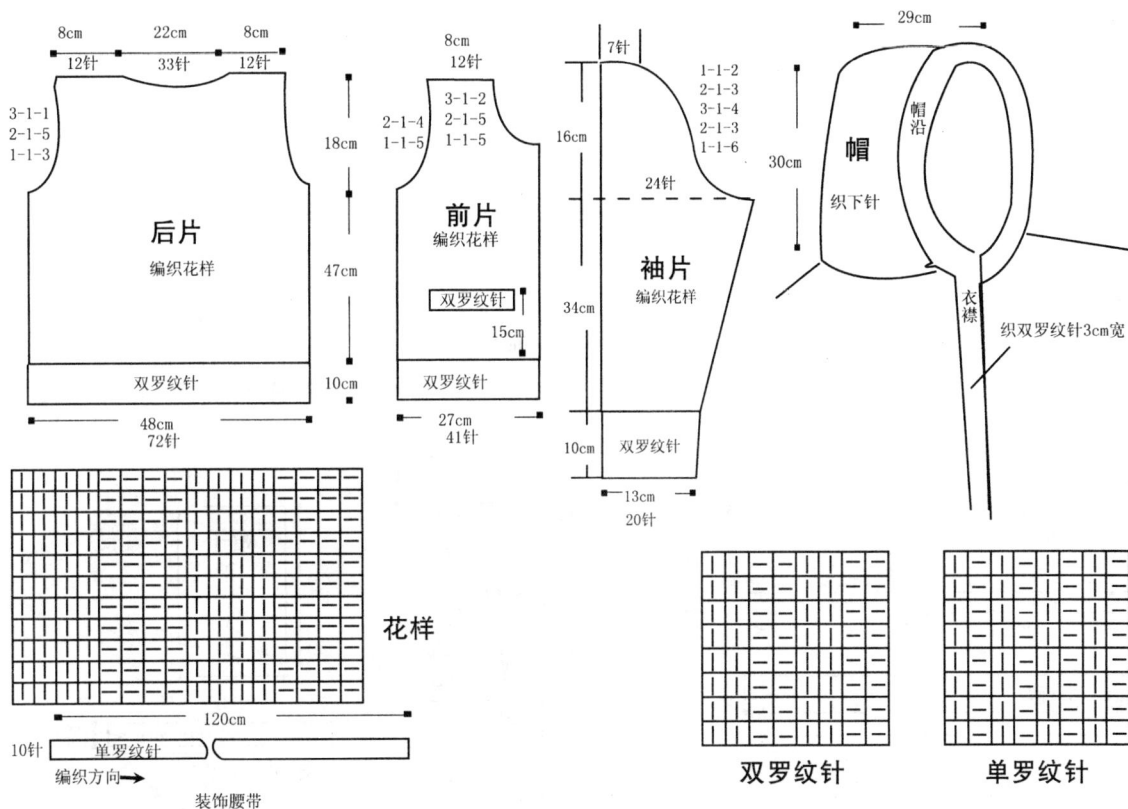

后片

8cm　22cm　8cm
12针　33针　12针

3-1-1
2-1-5
1-1-3

18cm

后片
编织花样

47cm

双罗纹针

10cm

48cm
72针

前片

8cm
12针

3-1-2
2-1-5
1-1-5

2-1-4
1-1-5

前片
编织花样

双罗纹针

15cm

双罗纹针

27cm
41针

袖片

7针

1-1-2
2-1-3
3-1-4
2-1-3
1-1-6

16cm

24针

袖片
编织花样

34cm

双罗纹针

10cm

13cm
20针

帽

29cm

帽沿

帽
织下针

30cm

衣襟

织双罗纹针3cm宽

花样

120cm

10针　单罗纹针

编织方向➡

装饰腰带

双罗纹针

单罗纹针

183

【成品尺寸】胸围92cm　衣长83cm　袖长(含单侧肩宽)63cm

【工具】4mm棒针

【材料】AB意毛线1000g

【密度】10cm²：18针×24行

【附件】纽扣8枚

【制作方法】1.后片：起82针，编织双罗纹针5cm，然后改织花样54cm后收袖窿。

　　2.前片：起35针，编织方法同后片，编织两片。

　　3.袖片：起54针，编织双罗纹针5cm，然后改织花样并如图示进行加针，织34cm后收袖山，编织两片。

　　4.门襟：起14针，编织元宝针83cm，编织两片，其中一片如图示留纽洞。

5.帽子：起10针，编织花样并如图示进行加针，编织34cm，编织两片，中间缝合。

6.腰带和口袋：如图示进行编织，待用。

7.缝合：先将前、后片与袖片缝合，然后再把门襟缝上，装好帽子，钉上纽扣，最后缝好口袋，系好腰带。

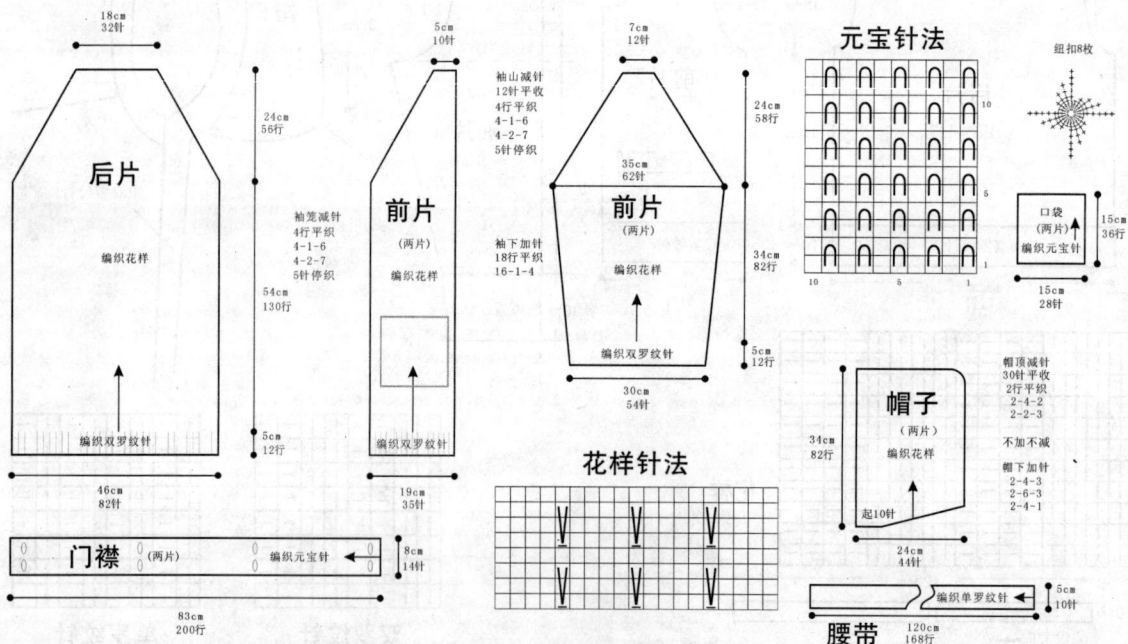

18cm
32针

24cm
56行

后片

编织花样

54cm
130行

编织双罗纹针

46cm
82针

5cm
12行

5cm
10针

袖笼减针
4行平收
4-1-6
4-2-7
5针停织

前片
(两片)

编织花样

编织双罗纹针

19cm
35针

5cm
12行

7cm
12针

袖山减针
12针平收
4行平织
4-1-6
4-2-7
5针停织

24cm
58行

35cm
62针

前片
(两片)

编织花样

34cm
82行

袖下加针
18行平织
16-1-4

编织双罗纹针

30cm
54针

5cm
12行

元宝针法

10

10　　5　　1

纽扣8枚

口袋
(两片)
编织元宝针

15cm
36针

15cm
28针

门襟
(两片)　　编织元宝针

83cm
200行

8cm
14针

花样针法

帽顶减针
30针平收
2行平织
2-4-2
2-2-3

不加不减

帽下加针
2-4-3
2-6-3
2-4-1

34cm
82行

帽子
(两片)

编织花样

起10针

24cm
44针

腰带　　编织单罗纹针

120cm
168行

5cm
10针

184

【成品尺寸】衣长70cm　胸围96cm　肩宽38cm　袖长60cm

【工具】5.0mm棒针

【材料】白色、黑白混色粗羊毛线

【密度】10cm²：11针×18行

【制作方法】1.后片起52针双罗纹针编织20cm，用混色毛线织12cm下针按图示收针成袖窿，织28cm收针成后领口。

2.前片起26针，织8cm长，按编织图收针成前片领口。织12cm收针成前片袖窿。

3.缝合前、后片，沿衣襟、领口挑99针按编织方向编织双罗纹，收针。

4.袖子起20针，织双罗纹针5cm长，加针至29针织下针10cm，然后在袖两侧每织5行减1针，两侧共减10针，下针织42cm后按编织图减针成袖山。

5.缝合前、后片和袖片，再从衣脚挑针，共挑112针。按编织图编织双罗纹20cm收针完成。

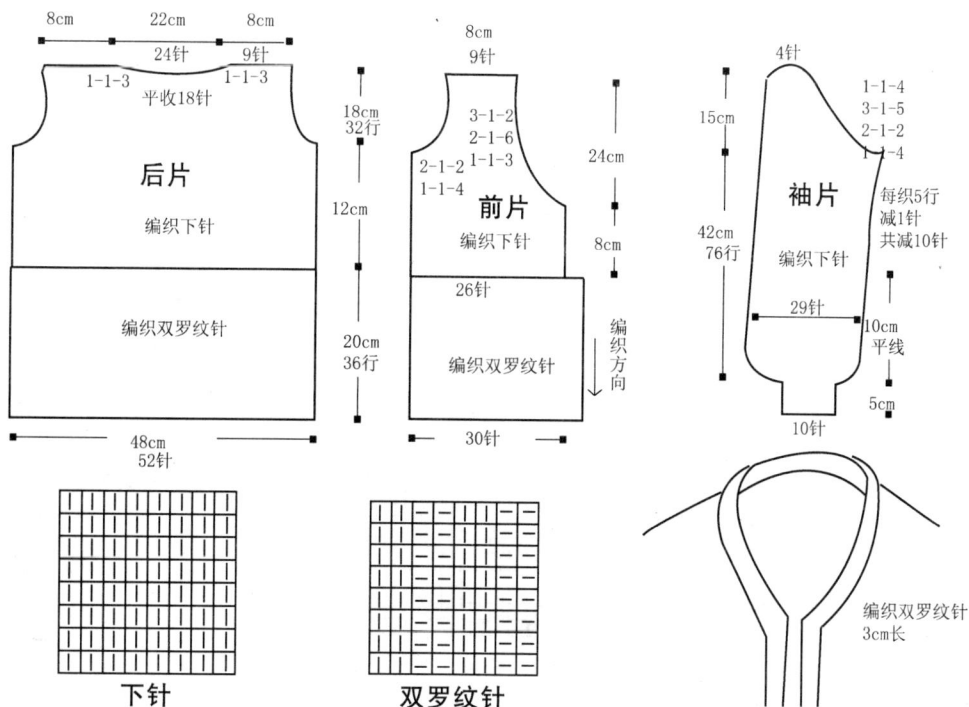

后片

8cm　22cm　8cm
24针　9针
1-1-3　1-1-3
平收18针

18cm
32行

12cm

编织下针

编织双罗纹针

20cm
36行

48cm
52针

前片

8cm
9针

3-1-2
2-1-6
2-1-2　1-1-3
1-1-4

24cm

8cm

编织下针

26针

编织方向

编织双罗纹针

30针

袖片

4针

1-1-4
3-1-5
2-1-2
1-1-4

15cm

42cm
76行

编织下针

每织5行减1针共减10针

29针

10cm
平线

5cm

10针

编织双罗纹针3cm长

下针

双罗纹针

185

时尚长袖衫

【成品尺寸】胸围82cm　衣长56cm　袖长50cm

【工具】8号棒针

【材料】灰色绒线600g

【密度】10cm²：23针×21行

【制作方法】1.衣身分A、B两部分编织，A部分从左向右起64针横织，右侧24针织花样。B部分分前片和后片织，前片起37针，后片起82针，按图解顺序留出袖窿领窝。

2.袖片起12针横织花样织46行，然后每行挑一针，织下针织袖子，按图解腋下加针，织袖山。

3.左右门襟各起4cm单罗纹织48cm，缝在衣服上。

4.在领口再挑60针织单罗纹4cm，两侧按图留出小斜线，收针。

前袖窿减针
32行平
2-1-1
2-2-2
行-针-次

前领减针
4行平
2-1-3
2-2-3
2-4-1
行-针-次

后袖窿减针
32行平
2-1-1
2-2-2
行-针-次

后领减针
2-2-2
行-针-次
28针停织

6.5cm 13针　9cm 18针　9cm 18针　18cm 36针　9cm 18针　9cm 18针　6.5cm 13针

2cm 1行

B部分　织下针

18cm 42行

6cm 14行

8cm 18行

16cm 36行

单罗纹

18.5cm 37针　41cm 82针　18.5cm 37针

单罗纹

A部分　织下针

20cm 40针

花样

12cm 24针

4cm 20针　78cm 180行　4cm 20针

袖山减针
平收14针
2-1-4
2-2-10
行-针-次
腋下加针
6行平
6-1-8
行-针-次

7cm 14针

31cm 62针

12cm 28行

袖片　织下针

32cm 54行

23cm 46针

横织花样

6cm 12针

20cm 46行

前襟荷叶边

3cm 6针　72cm 166行

花样

○=挂一针下行放掉
不织再挂一针

5

10　5　1

挑60针
织单罗纹

4cm 10针

门襟斜线部分
2-1-3
行-针-次
4行平

186

【成品尺寸】胸围86cm　衣长54cm　袖长54cm

【工具】3.75mm棒针　3.25mm棒针

【材料】白色毛线500g

【密度】10cm²：20针×28行

【附件】装饰木扣若干

【制作方法】1．后片用3.25mm棒针起88针，织花样A，织16行后改用3.75mm棒针编织平针，减针部分按图所示。

　　2．前片按图示编织平针和花样，袖窿减针部分同后片，领口减针如图。

　　3．袖子如图编织两片。

　　4．将织好的前、后片及袖片相应部分进行缝合。

5．前后领口用3.25mm棒针共挑针71针，后片用花样C(开口处在左肩处)，织10cm后改用3.75mm棒针织12cm，然后收针。

6．将装饰木扣缝至花样B及领口处即完工。

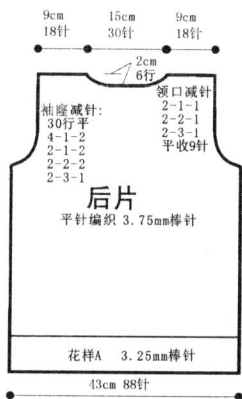

后片

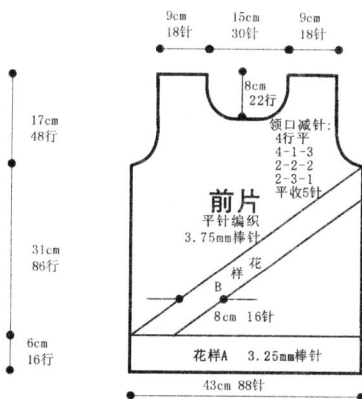

前片

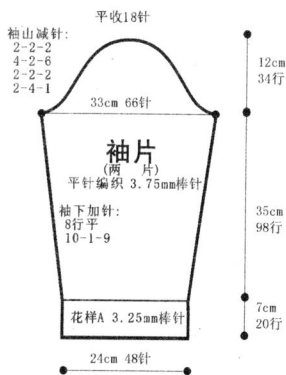

袖片

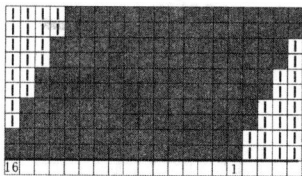

花样B　16针一个花样

花样A

花样C

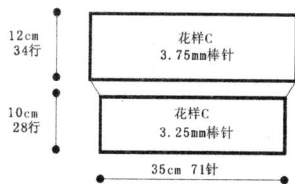

领子编织图

大气翻领短袖衫

【成品尺寸】胸围97cm　衣长82cm　袖长(含单侧肩宽)18cm

【工具】4mm棒针

【材料】银灰色毛线1000g

【密度】$10cm^2$：18针×22行

【附件】同色系毛条2m　纽扣5枚

【制作方法】1.后片：起86针，编织双罗纹针6cm，然后改织元宝针，织53cm后如图示进行加针，织20cm后收斜肩和后领。

2.前片：起42针，编织双罗纹针6cm，然后改织花样A，织53cm后加袖窿，织9cm后收前领，织15cm后收斜肩，编织两片。门襟处挑116针编织花样B，注意在其中一片上如图示留好纽扣洞。

3.领片：起104针，编织花样B18cm。

4.袖口：挑88针，编织双罗纹针6cm，往外翻出，在中心位置缝上1枚纽扣装饰。

5.缝合：将前、后片缝合，然后再装上领子和领上的毛条。最后缝好纽扣。

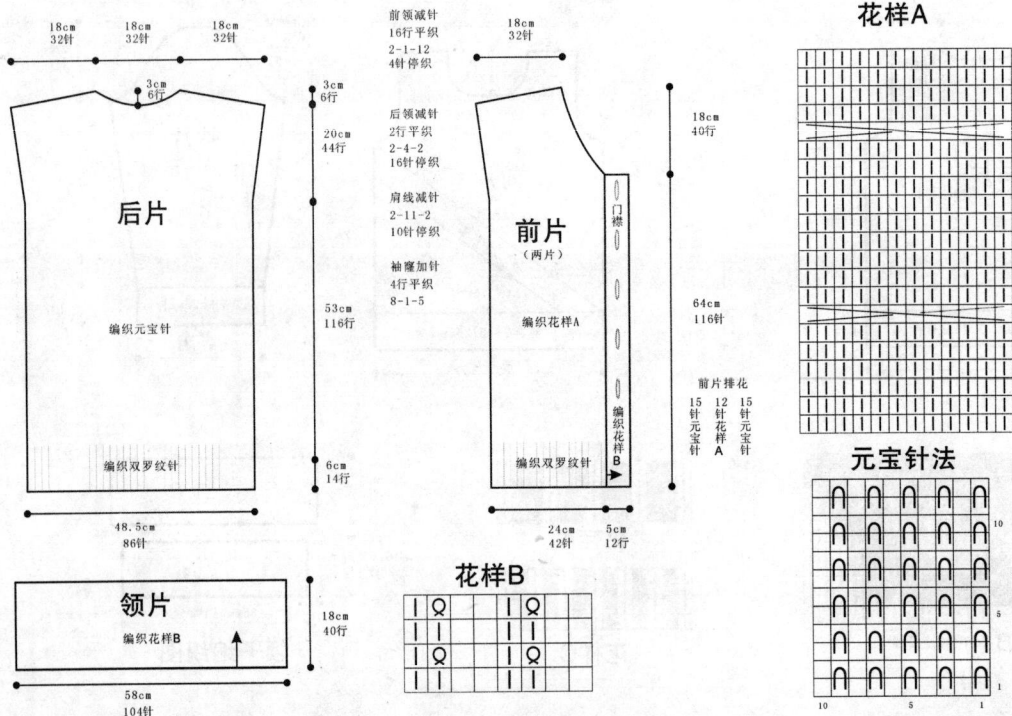

花样A

元宝针法

花样B

后片

前片
(两片)

领片

【成品尺寸】胸围84cm　衣长60cm

【工具】12号棒针

【材料】白色毛线300g

【密度】$10cm^2$：25针×28行

【附件】毛皮1块　拉链1条

【制作方法】1.单片用12号棒针前片起52针后片起104针，编织单罗纹，织8cm后改织下针，织32cm后腋下开始加针，每2行加1针织44行，织斜肩每2行收6针收4次，再每2行收8针收2次。

　　2.将织好的衣片缝合，在袖口位置挑袖边，挑90针。织单罗纹，织10行。

　　3.门襟缝上拉链，用毛皮做一个毛领缝在领口。

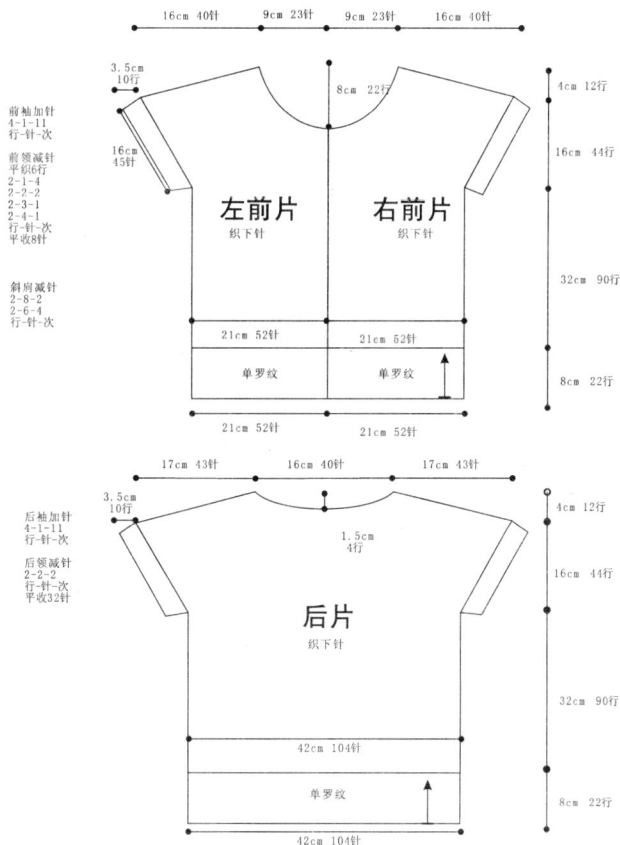

16cm 40针　　9cm 23针　　9cm 23针　　16cm 40针

3.5cm
10行

8cm 22行

4cm 12行

16cm 44行

前袖加针
4-1-11
行-针-次

前领减针
平织6行
2-1-4
2-2-2
2-3-1
2-4-1
行-针-次
平收8针

16cm
45针

左前片
织下针

右前片
织下针

32cm 90行

斜肩减针
2-8-2
2-6-4
行-针-次

21cm 52针　　　21cm 52针

单罗纹　　　　单罗纹

8cm 22行

21cm 52针　　　21cm 52针

17cm 43针　　16cm 40针　　17cm 43针

3.5cm
10行

1.5cm
4行

4cm 12行

16cm 44行

后袖加针
4-1-11
行-针-次

后领减针
2-2-2
行-针-次
平收32针

后片
织下针

32cm 90行

42cm 104针

单罗纹

8cm 22行

42cm 104针

189

白色甜美长袖衫

【成品尺寸】胸围92cm　肩宽36cm　衣长62cm　袖长58cm

【工具】5mm棒针

【材料】白色韩棉700g

【密度】10cm² : 18针×24行

【附件】牛角扣4枚

【制作方法】1.后片：起82针，编织花样A42cm后收袖窿，在离衣长3cm时收后领。

2.前片：起14针，编织花样B，并如图示加针，织42cm后收袖窿，6cm后收前领，编织两片。

3.袖片：起40针，编织花样A，并如图示加针，织46cm后收袖山，编织两片。

4.领：起100针，编织锁链针15cm。

5.门襟：起8针编织65cm锁链针，注意在其中一条上留纽扣洞，编织两条。

6.缝合：将前片、后片、袖片缝合在一起，再将领子与门襟缝合，最后缝上牛角扣。

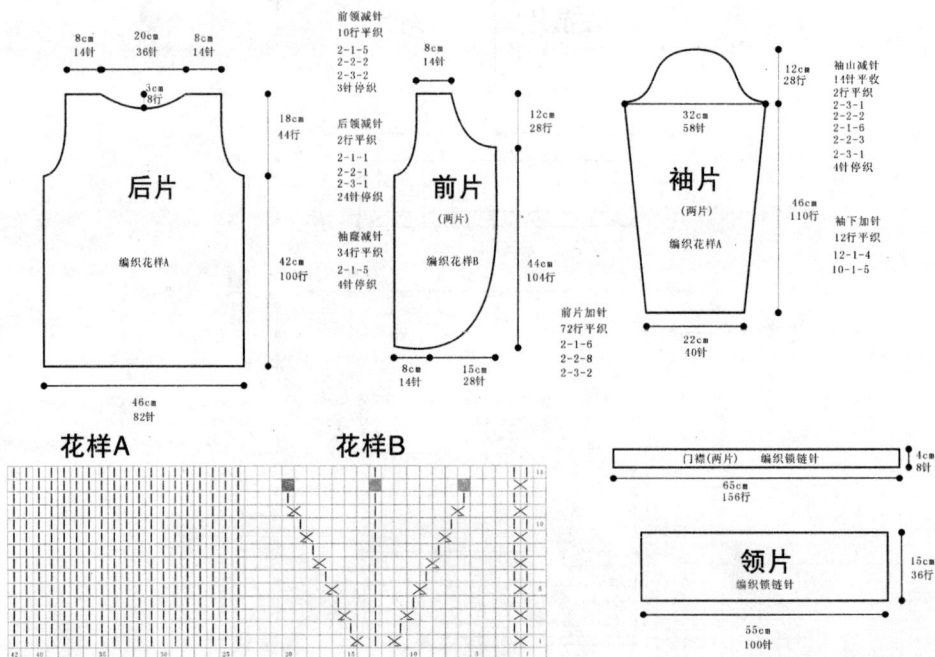

后片

8cm 14针　20cm 36针　8cm 14针

3cm 8行

18cm 44行

42cm 100行

编织花样A

46cm 82针

前片（两片）

前领减针
10行平织
2-1-5
2-2-2
2-3-2
3针停织

后领减针
2行平织
2-1-1
2-1-2
2-3-1
24针停织

袖窿减针
34行平织
2-1-5
4针停织

8cm 14针

12cm 28行

44cm 104行

编织花样B

前片加针
72行平织
2-1-6
2-2-8
2-3-2

8cm 14针　15cm 28针

袖片（两片）

32cm 58针

12cm 28行

袖山减针
1针平收
2行平织
2-3-1
2-2-1
2-1-5
2-2-3
2-3-1
4针停织

46cm 110行

袖下加针
12行平织
12-1-4
10-1-5

22cm 40针

编织花样A

门襟(两片)　编织锁链针

4cm 8针

65cm 156行

领片
编织锁链针

15cm 36行

55cm 100针

花样A

花样B

190

【成品尺寸】衣长75cm　胸围100cm　肩宽40cm　袖长62cm

【工具】4mm棒针

【材料】白色中粗羊毛线

【密度】10cm²：15针×20行

【制作方法】1.后片：起75cm，衣脚织8cm长的双罗纹针，然后织花样A，长49cm后按衣后片编织圈减针成后片袖窿和领口。

2.前片：起39针，先织8cm长的双罗纹针，然后织花样B，并按编织图示减针成衣前片的袖窿及领口。

3.袖片起40针，织8cm长的双罗纹针，然后织花样A，按袖片编织图示减针成袖山。

4.缝合：将前、后片和袖片进行缝合，后从前领口处开始挑80针按帽编织图织帽子，然后顺衣襟沿帽沿挑280针，织双罗纹针3cm宽，收针，完成。

后片
编织花样A
双罗纹针

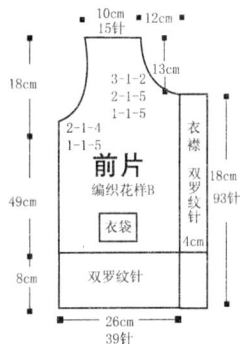

前片
编织花样B
衣袋
双罗纹针

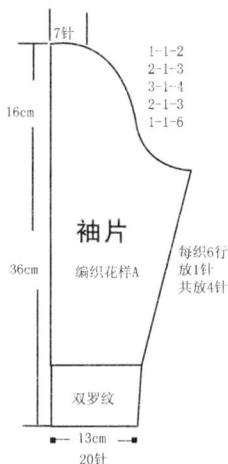

袖片
编织花样A
每织6行放1针
共放4针
双罗纹

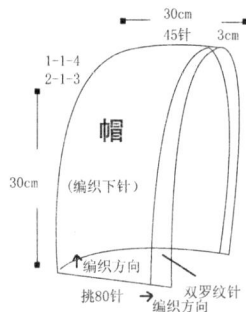

帽
（编织下针）
编织方向
挑80针
双罗纹针
编织方向

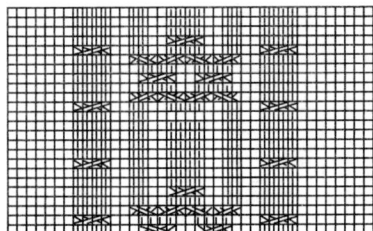

花样B
口=日=下针

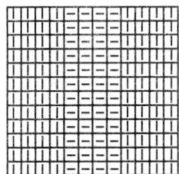

花样A

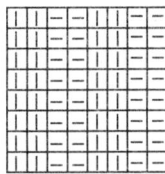

双罗纹针

衣袋花样

191

【成品尺寸】胸围80cm　衣长62cm　袖片50cm

【工具】8号棒针　6号棒针

【材料】白色粗毛线800g

【密度】10cm²：14针×18行

【附件】毛领1条　纽扣3枚

【制作方法】1.单片起针54针分前、后片由下向上编织，衣边用8号棒针织单罗纹针，织16行，换6号棒针前片织花样A，后片织3针，上针3针下针织到相应位置按图示留出袖窿。前片正中间的6针左右共用织和。领右片在前边挑针，织左片在后面挑针，织到相应位置按图留领窝。

2.起30针用8号棒针织袖，织单罗纹，织10cm换6号棒针织花样B。

3.用8号棒针在领口挑60针，织3cm单罗纹收边，在领口镶一条毛领，钉上纽扣，完成。

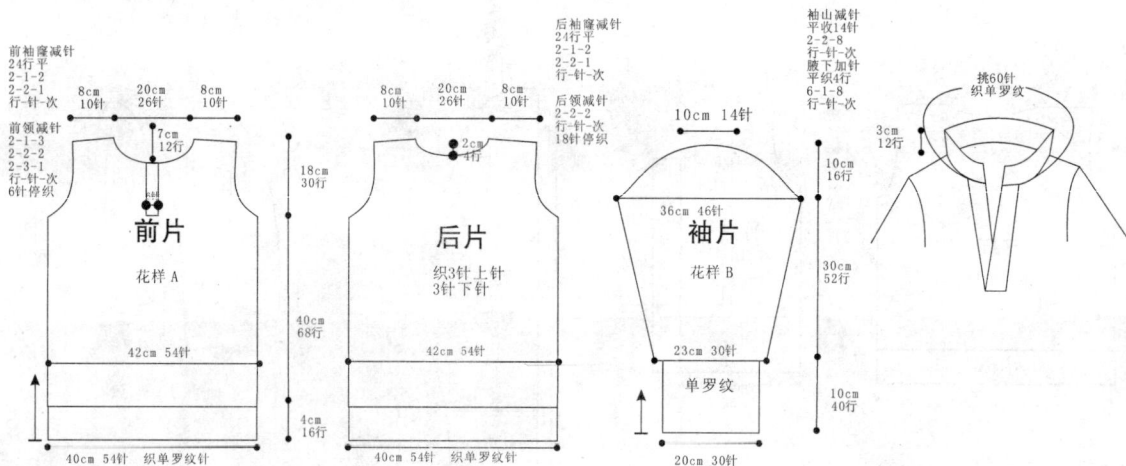

前袖窿减针
24行平
2-1-2
2-2-1
行-针-次
前领减针
2-1-3
2-2-2
2-3-1
行-针-次
6针停织

8cm 10针　20cm 26针　8cm 10针

7cm 12行

前片

花样A

18cm 30行

40cm 68行

42cm 54针

4cm 16行

40cm 54针　织单罗纹针

后袖窿减针
24行平
2-1-2
2-2-1
行-针-次
后领减针
2-2-2
行-针-次
18行停织

8cm 10针　20cm 26针　8cm 10针

2cm 4行

后片

织3针上针
3针下针

42cm 54针

40cm 54针　织单罗纹针

袖山减针
平收14针
2-2-8
行-针-次
腰下加针
平织4针
6-1-8
行-针-次

10cm 14针

袖片

花样B

36cm 46针

10cm 16行

30cm 52行

23cm 30针

单罗纹

10cm 40行

20cm 30针

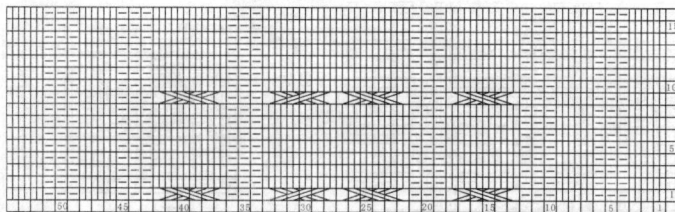

挑60针
织单罗纹

3cm 12行

花样B

▲袖中央

花样A

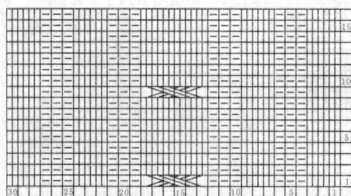

▲前片中央

192

系扣连帽长袖衫

【成品尺寸】衣长80cm　胸围98cm　肩宽38cm　袖长62cm

【工具】4mm棒针

【材料】黑色中粗羊毛线

【密度】10cm²：15针×20行

【材料】纽扣5枚

【制作方法】1.后片起74针，织双罗纹针10cm长后，改织花样A，织52cm后按后片的编织图减针成袖窿和后领口。

　2.前片起38针，编织10cm双罗纹针，再按前片的编织花样织52cm后按编织图减针成衣前片的袖窿及前片领口。

　3.袖片起40针，织10cm双罗纹针，再按袖片编织图示编织。袖两侧每织10行放一针，每侧放4针，织46cm后按编织图减针成袖山。

　4.缝合前、后片及袖片。顺前衣片衣襟挑102针，按图示编织方向织双罗纹5cm宽收针成前衣襟，顺领口挑80针，织双罗纹针10cm长，收针成领。衣袋起21针，按编织图编织，将衣袋缝合，钉好纽扣，完成。

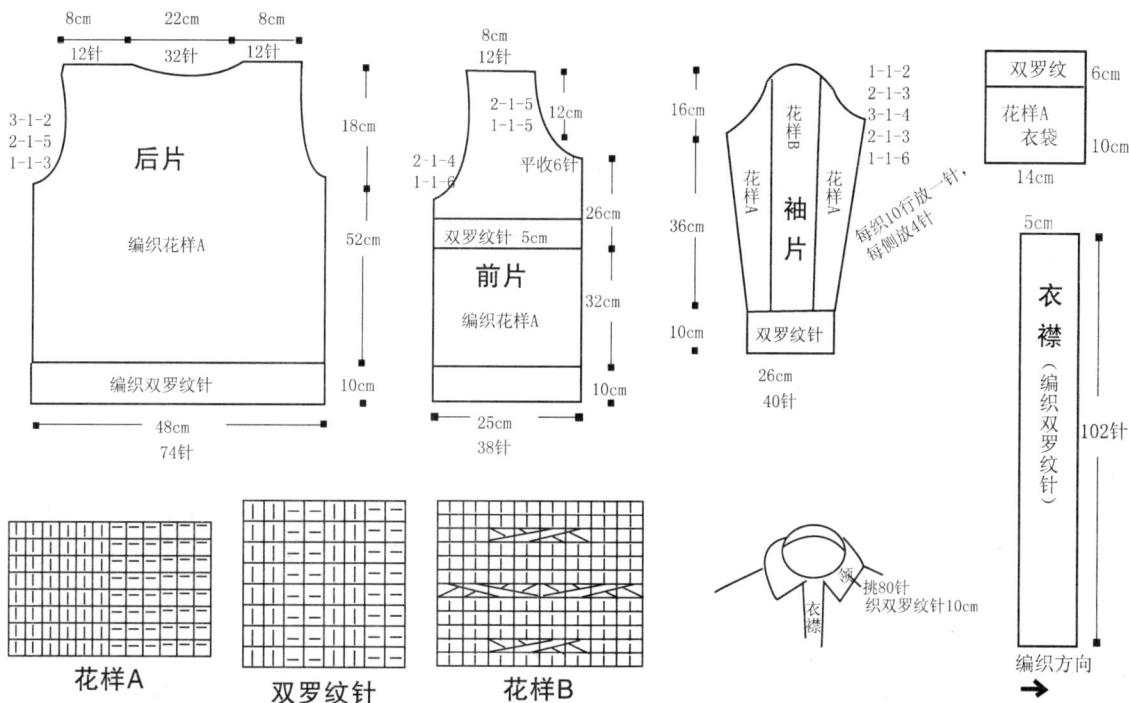

后片

8cm 22cm 8cm
12针 32针 12针

3-1-2
2-1-5
1-1-3

18cm

后片

编织花样A

52cm

编织双罗纹针

10cm

48cm
74针

前片

8cm
12针

2-1-5
1-1-5

12cm

2-1-4
1-1-6

平收6针

26cm

双罗纹针 5cm

前片

编织花样A

32cm

10cm

25cm
38针

袖片

16cm

1-1-2
2-1-3
3-1-4
2-1-3
1-1-6

花样B

36cm

花样A 袖片 花样A

每织10行放一针，
每侧放4针

10cm

双罗纹针

26cm
40针

衣袋

双罗纹 6cm

花样A
衣袋

10cm

14cm

衣襟

5cm

衣襟
（编织双罗纹针）

102针

编织方向
→

挑80针
织双罗纹针10cm

衣襟

花样A

双罗纹针

花样B

【成品尺寸】胸围100cm　肩宽38cm　衣长83cm　袖长56cm

【工具】5mm棒针

【材料】杏色粗羊毛线1000g、白色粗羊毛线200g

【密度】10cm² : 15针×20行

【附件】纽扣7枚

【制作方法】1.后片：起90针，编织双罗纹针10cm，然后改织配色花样A，一组花样结束后继续平针编织，织53cm后收袖窿，织17cm后收后领。

2.前片：起44针，编织双罗纹针10cm，然后改织配色花样A，一组花样结束后在适合位置挖口袋，袋口宽15cm，高3cm。然后继续编织20行再织一组花样A，然后隔几行后织花样B，并如图在相应位置收袖窿和前领。然后在门襟侧挑132针编织8cm双罗纹针，编织两片（注意其中一片留7个纽洞）。

3.袖片：起44针，编织双罗纹针8cm，然后改织配色花样A，并如图示进行加针，一组花样结束后先织16行平针，然后再织一组花样A，之后改织花样B，并如图在适合位置收袖山，编织两片。

4.帽子：起10针，编织平针，如图示进行加针，加至44针不加不减继续编织34cm，在帽顶收针，编织两片，缝合在一起。

5.缝合：将前、后片与袖片缝合，然后将帽子装好，最后缝上纽扣。

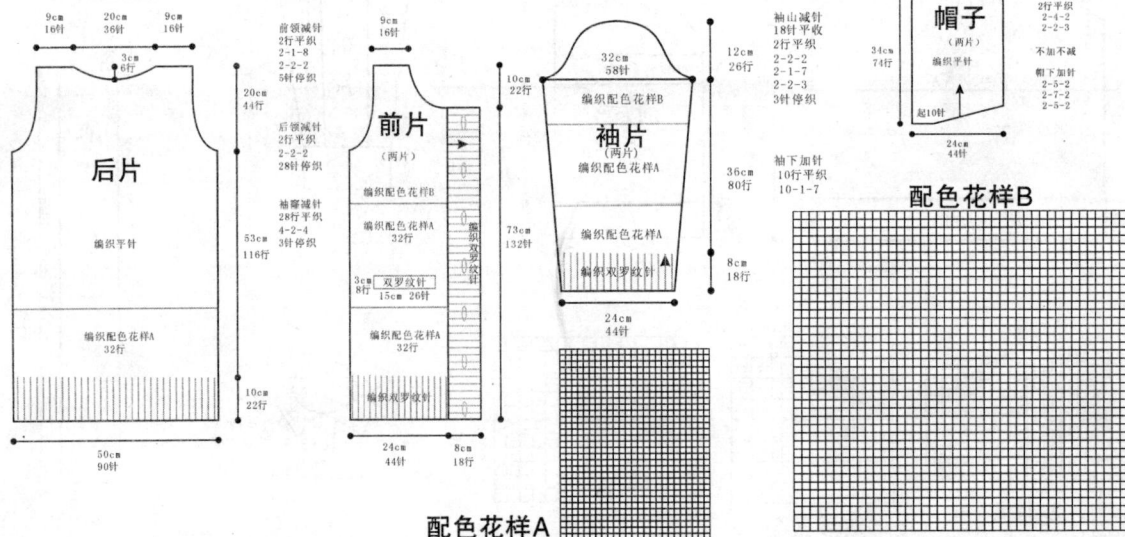

后片
编织平针
编织配色花样A
32行

9cm 16针　20cm 36针　9cm 16针
3cm 6行
前领减针 2行平收 2-1-8 2-2-2 5行停织
20cm 44行
后领减针 2行平收 2-2-2 28针停织
袖窿减针 2行平收 4-2-4 3针停织
53cm 116行
10cm 22行
50cm 90针

前片
（两片）
编织配色花样B
编织配色花样A 32行
双罗纹针 3cm 8行 15cm 26针
编织配色花样A 32行
编织双罗纹针

9cm 16针
10cm 22行
编织双罗纹针
73cm 132行
24cm 44针　8cm 18针

袖片
（两片）
编织配色花样B
编织配色花样A
编织配色花样A
编织双罗纹针

32cm 58针
袖山减针 18针平收 2行平收 2-2-2 2-1-7 2-2-3 3针停织
12cm 26行
36cm 80行
袖下加针 10针平收 10-1-7
8cm 18行
24cm 44针

帽子
（两片）
编织平针

帽顶减针 30针平收 2行平织 2-4-2 2-2-3
不加不减
帽下加针 2-5-2 2-7-2 2-5-2

34cm 74行
起10针
24cm 44针

配色花样A

配色花样B

麻花长袖毛衫

【成品尺寸】衣长60cm　胸围96cm　肩宽38cm　袖长60cm

【工具】13号棒针

【材料】黑白花色、黑色、白色羊毛绒线

【密度】$10cm^2$：30针×40行

【附件】拉链1条

【制作方法】1.后片：起144针，织8cm单罗纹针，改织下针，织34cm长后按编织图示减针成后片袖窿及后领口。

　2.前片：起72针，织8cm单罗纹针改织下针，按图示配色花样织34cm长后按编织图示减针成前衣片袖窿及领口。

　3.袖片：起78针，织5cm单罗纹针后改织下针，平织66行后，袖两侧每织10行放1针共放18针；织44cm长后按编织图减针成袖山。

　4.领：挑30针，织双罗纹针8cm长，收针，安上拉链，完成。

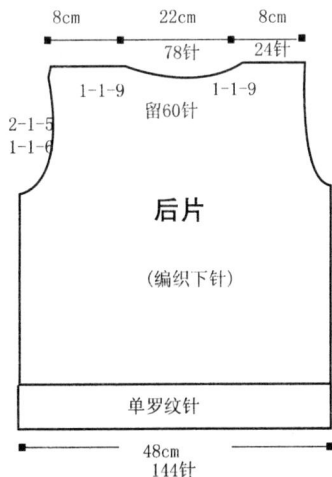

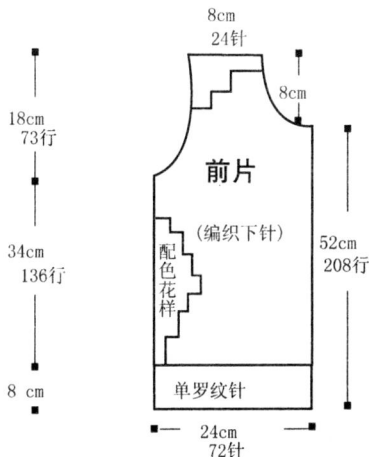

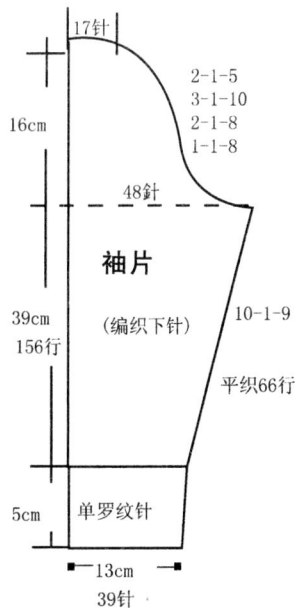

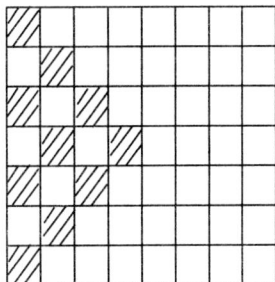

配色花样

■ =黑色　□ =白色

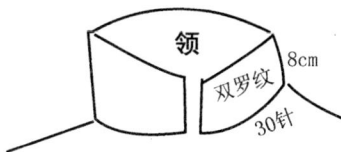

【成品尺寸】胸围100cm　肩宽42cm　衣长66cm　袖长58cm

【工具】6mm棒针

【材料】绿色夹花韩棉线400g　深灰色、浅杏色韩棉线各100g
　　　　白色韩棉50g

【密度】10cm²：14针×18行

【制作方法】1.后片：起70针，编织花样，注意颜色搭配，织46cm后分袖窿，在离衣长3cm处收后领。

　　2.前片：编织方法同后片，在分袖窿时左右分开编织，织14cm后收前片。

　　3.袖片：起32针编织花样，并如图示开始加针，注意各色搭配，46cm后收袖山，编织两片。

　　4.缝合：将前、后片与袖片进行缝合。

　　5.领片：挑起68针，编织双罗纹针5cm。

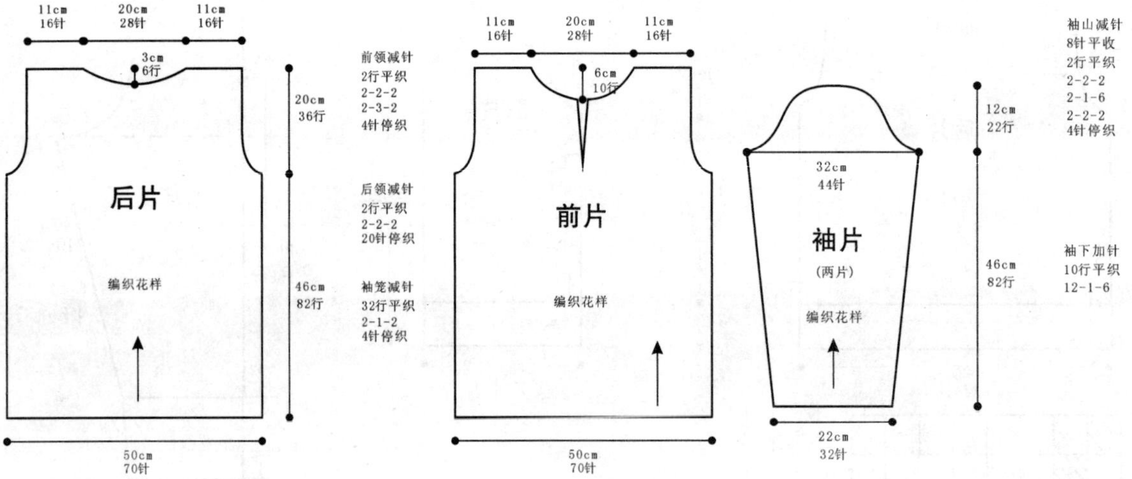

后片

11cm 16针　20cm 28针　11cm 16针

3cm 6行

20cm 36行

前领减针
2行平织
2-2-2
2-3-2
4针停织

后领减针
2行平织
2-2-2
20针停织

袖笼减针
32行平织
2-1-2
4针停织

编织花样

46cm 82行

50cm 70针

前片

11cm 16针　20cm 28针　11cm 16针

6cm 10行

编织花样

50cm 70针

袖片
（两片）

袖山减针
8针平收
2行平织
2-2-2
2-1-6
2-2-2
4针停织

12cm 22行

32cm 44针

编织花样

袖下加针
10行平织
12-1-6

46cm 82行

22cm 32针

花样针法

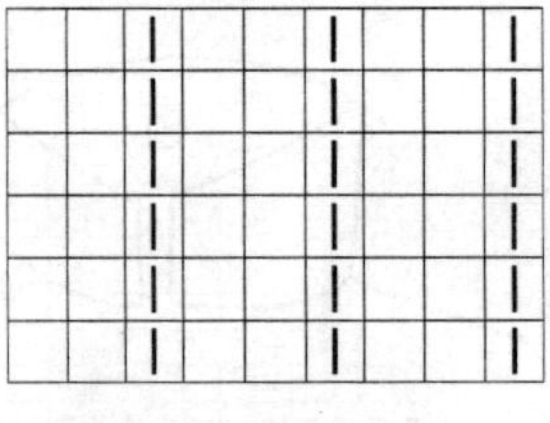

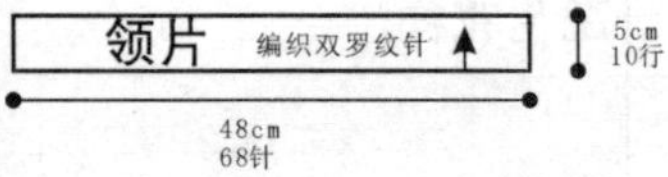

领片　编织双罗纹针

5cm 10行

48cm 68针

灰色长袖毛衫

【成品尺寸】胸围92cm 肩宽38 衣长83cm 袖长58cm

【工具】4mm棒针

【材料】深灰色全羊毛1000g

【密度】$10cm^2$：18针×24行

【附件】纽扣10枚

【制作方法】1.后片：起82针，编织双罗纹针15cm，然后改织花样，48cm后收袖窿，在离衣长3cm时收后领。

2.前片：起34针，先编织双罗纹针15cm，然后改织花样，48cm后收袖山，12cm后收前片，编织两片。然后在门袖处挑起136针编织双罗纹针，编织10cm，注意在其中一片上留纽洞。编织两片。

3.袖片：起44针，编织双罗纹针并如图示进行加针，46cm后收袖山，编织两片。

4.领片：起76针，编织双罗纹针20cm。

5.缝合：先把前、后片与袖片缝合，然后把领子上好，最后把纽扣缝上。

后片

10cm 18针 / 18cm 32针 / 10cm 18针

3cm 6行

20cm 48行

后片

编织花样

48cm 116行

编织双罗纹针

15cm 36行

46cm 82针

纽扣10枚

前片

10cm 18针

前领减针
10行平织
2-1-1
2-2-4

后领减针
2行平织
2-2-1
2-3-1
22针停织

袖窿减针
32行平织
4-1-4
3针停织

前片
(两片)

编织花样

编织双罗纹针

门襟

编织双罗纹针

8cm 20行

袖山减针
14针平收
2行平织
2-3-1
2-2-2
2-1-8
2-2-2
3针停织

75cm 136针

袖下加针
12行平织
14-1-7

19cm 34针 / 10cm 24行

袖片

12cm 28行

32cm 58针

袖片
(两片)

编织双罗纹针

46cm 110行

24cm 44针

领片

编织双罗纹针

20cm 48行

42cm 76针

花样针法

【成品尺寸】胸围84cm　肩宽38cm　衣长75cm　袖长58cm

【工具】3号棒针　4号棒针

【材料】驼色毛线1200g

【密度】4号棒针10cm²：30针×40行　3号棒针10cm²：35针×50行

【附件】纽扣4枚

【制作方法】1.前片(左右两片)：普通起针法起60针，下针编织5cm；按下摆减针下针织21cm；前24针织，剩下针数暂时休针，前24针按袋边减针织8cm后剩为18针暂时休针，织之前休针部分，按袖下加针及袋边加针织8cm后与18针合起来往上织25cm；按袖窿减针和前领减针织出袖窿和前领。底边5cm处对折缝合。对称织出另一片前片。

2.后片：普通起针法起126针，下针编织5cm；按下摆减针和下摆加针织54cm；按袖窿减针及后领减针织出袖窿和后领；底边5cm处对折缝合。

3.袖片(两片)：普通起针法起72针，下针编织5cm；按袖下加针下针织43cm；按袖山减针下针织13cm后收针；底边5cm处对折缝合。

4.缝合：前片与后片肩部、腋下缝合；袖下缝合，装袖。

5.后领：前领和后领各挑18针、63针、18针(前领从前片最后5cm处挑)，下针编织3cm；按后领片减针下针织7cm后收针。

6.前领门襟(两条)：普通起针法起11针，下针织56cm后按前领片加针织16cm后收针，在指定位置开扣眼；对称织另一条，不用开扣眼。

7.内侧口袋(两只)：如图所示编织。

8.收尾：前领门襟与身片前领门襟处缝合；不开扣眼的门襟上钉上纽扣。内侧口袋与身片、口袋斜边(如图示)缝合。

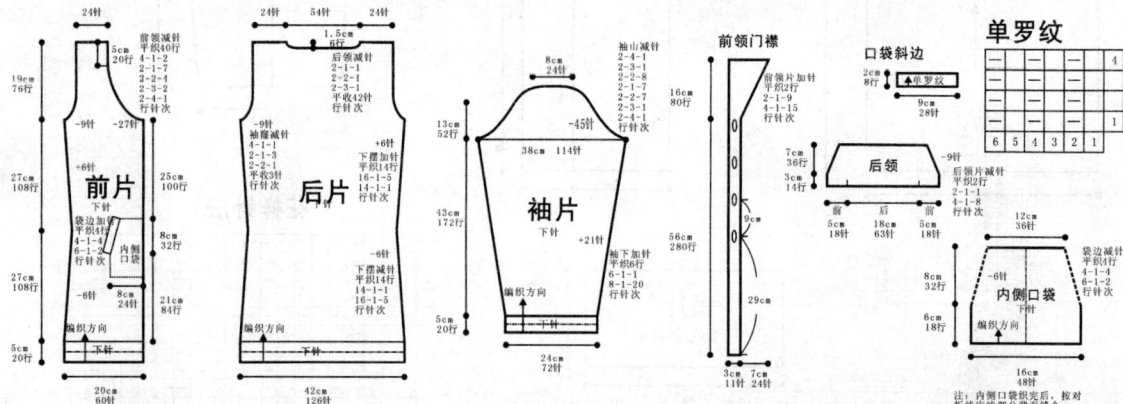

【成品尺寸】衣长80cm　胸围100cm　肩宽38cm　袖长62cm

【工具】4mm棒针

【密度】10cm²：15针×20行

【材料】藏蓝色中粗羊毛线

【附件】纽扣6枚

【制作方法】1.后片起75针，织10cm长双罗纹针，然后改织下针，织长至62cm按编织图示减针成后衣片袖窿及后领口。

2.前片起36针，织10cm长双罗纹针后改织花样，织至62cm按编织图减针成衣前片袖窿及前衣领口，在前片衣襟处挑105针织双罗纹针6cm宽。

3.袖片起40针，织10cm双罗纹针，后织下针，袖两侧每织9行放1针，共放8针，织44cm长后按编织图示减针成袖山。

4.缝合前、后片及袖片，并缝上纽扣。从前片领口处开始挑针，挑100针，织帽，按图示编织，收针完成。

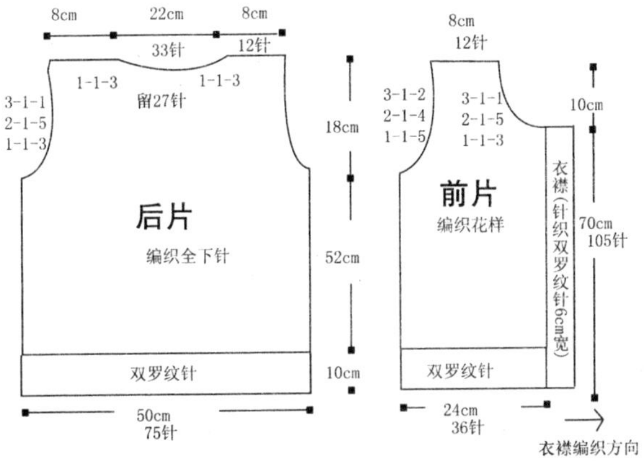

后片
编织全下针
双罗纹针
8cm　22cm　8cm
33针
12针
3-1-1
2-1-5
1-1-3
留27针
1-1-3
1-1-3
18cm
52cm
10cm
50cm
75针

前片
编织花样
双罗纹针
8cm
12针
3-1-2
2-1-4
1-1-5
3-1-1
2-1-5
1-1-3
10cm
衣襟（挑针织双罗纹针6cm宽）
70cm
105针
24cm
36针
衣襟编织方向

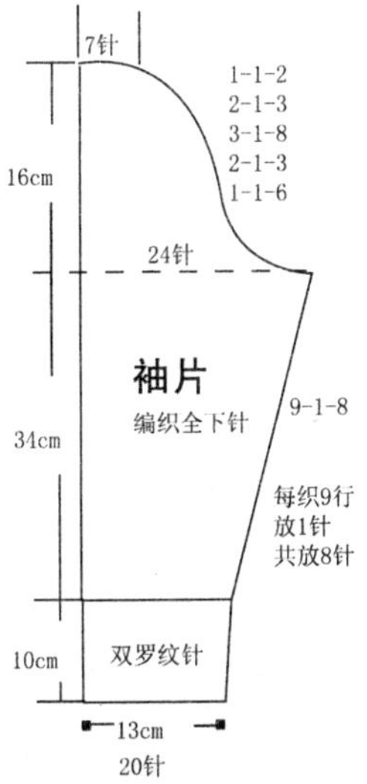

袖片
编织全下针
双罗纹针
7针
1-1-2
2-1-3
3-1-8
2-1-3
1-1-6
16cm
24针
34cm
9-1-8
每织9行放1针共放8针
10cm
13cm
20针

花样

帽
编织单罗纹针
22cm
1-1-4
2-1-3
30cm
35cm
挑100针

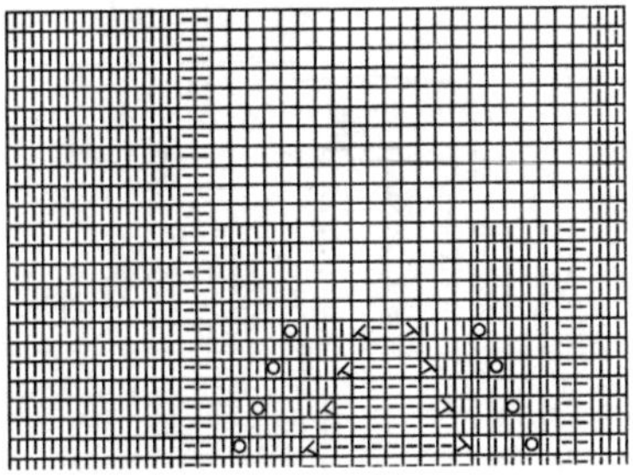

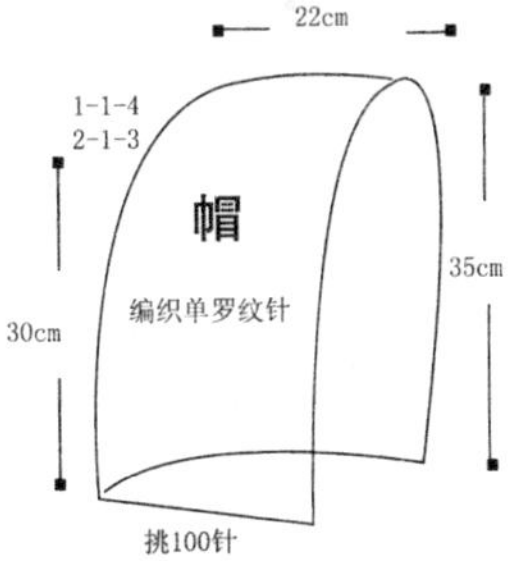

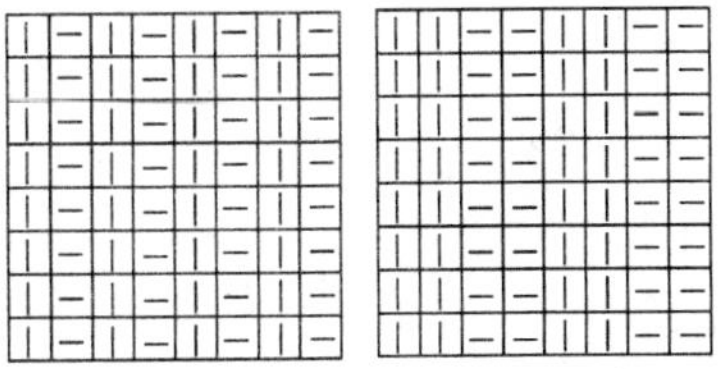

单罗纹针　双罗纹针

麻花系带短袖装

【成品尺寸】胸围84cm　衣长88cm

【工具】10号棒针　8号棒针

【材料】灰色夹花粗毛线600g

【密度】$10cm^2$：22针×23行

【制作方法】1.单片用10号棒针编织，前片起66针后片起132针，织双罗纹，织12cm后换8号棒针织衣身。织62cm后隔一针2针并1针，前片单片剩44针，后片剩88针，再向上织6cm留袖窿。

2.衣片织好后缝合，先挑领，领织好后挑门襟。

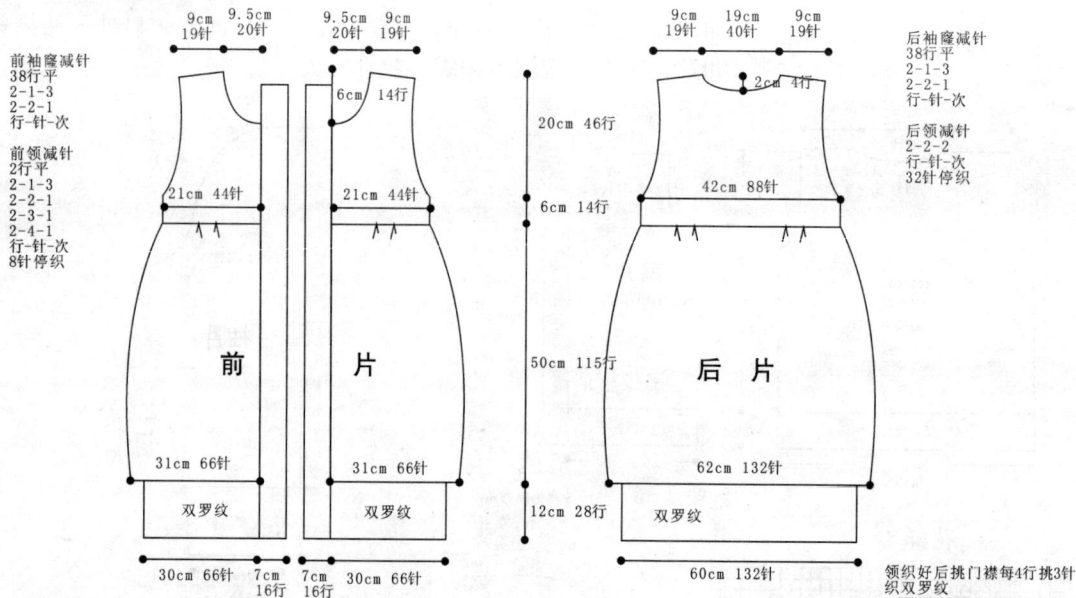

前片

前袖窿减针
38行平
2-1-3
2-2-1
行-针-次

前领减针
2行平
2-1-3
2-2-1
2-3-1
2-4-1
行-针-次
8针停织

9cm 19针　9.5cm 20针　9.5cm 20针　9cm 19针

6cm 14行

21cm 44针　21cm 44针

31cm 66针　31cm 66针

30cm 66针　7cm 16行　7cm 16行　30cm 66针

双罗纹

后片

9cm 19针　19cm 40针　9cm 19针

后袖窿减针
38行平
2-1-3
2-2-1
行-针-次

后领减针
2-2-2
行-针-次
32针停织

2cm 4行

20cm 46行

6cm 14行

42cm 88针

50cm 115行

12cm 28行

62cm 132针

双罗纹

60cm 132针

缝在腰上的小带子

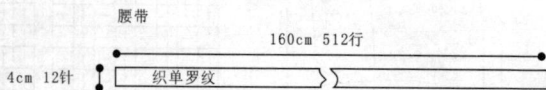

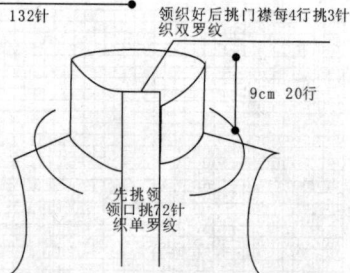

10行

4针

腰带

4cm 12针

160cm 512行

织单罗纹

领织好后挑门襟每4行挑3针
织双罗纹

9cm 20行

先挑领
领口挑72针
织单罗纹

【成品尺寸】胸围84cm 衣长70cm

【工具】8号棒针

【材料】灰色粗毛线800g

【密度】10cm²：19针×19行

【制作方法】1.单片起80针，分前、后片由下向上编织，衣编织双罗纹针，织20行，前片正身织花样A，左、右两边织花样B，后片织4针上针4针下针，织到相应位置按图示留出袖窿领窝。

2.起68针织袖，织双罗纹，按图解织出袖山，缝在衣服上。

3.另起52针织帽子，帽子织好后缝在衣领口，然后帽沿和前面门襟部分一起挑边，织双罗纹10cm。

前袖窿减针
26行平
2-1-2
2-2-2
行-针-次

前领减针
6行平
2-1-14
行-针-次
18针停织

后袖窿减针
26行平
2-1-2
2-2-2
行-针-次

后领减针
2-2-2
行-针-次
38针停织

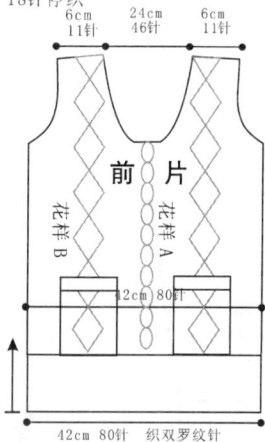

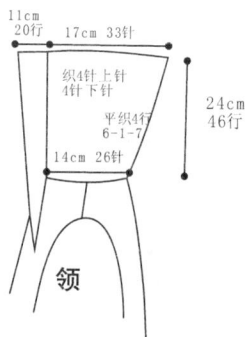

领

袖山减针
平收28针
2-2-10
行-针-次

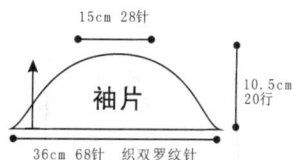

15cm 28针

10.5cm
20行

袖片

36cm 68针 织双罗纹针

花样A

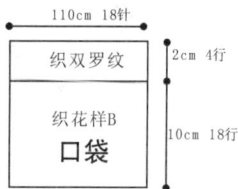

110cm 18针

织双罗纹 2cm 4行

织花样B 10cm 18行

口袋

花样B

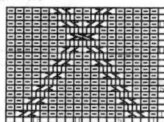

魅力修身长袖衫

【成品尺寸】胸围88cm　肩袖长71cm　领围46cm

【工具】3号棒针

【材料】含金丝黑色毛线1200g　白色毛线200g

【密度】10cm²：36针×50行

【制作方法】1.前片：普通起针法起158针，下针编织5cm；下摆减针织32cm后按下摆加针织21cm；按前袖窿减针(小燕子减针法)及前领减针织出袖窿和前领。织完5cm下针处对折缝合；袖窿织4行后配色编织，配色见配色图解。

2.后片：编织方法类似于前片，不同为袖窿见后袖窿减针(小燕子减针法)，不用开领，织20cm后直接收针。

3.袖片(两片)：普通起针法起86cm，下针编织5cm；按袖下加针下针织42cm；袖山按前袖窿和后袖窿减针，与领窝相接处按袖领连接处减针织出袖片；袖山织4行时配色编织，按相同方式织出另一片袖片。

4.整理：前片和后肩部、腋下缝合，特别注意花纹连接处；袖片袖下缝合，装袖。

5.领：圈织，前领、后领、袖共挑166行，双罗纹针织3cm后双罗纹针收针。

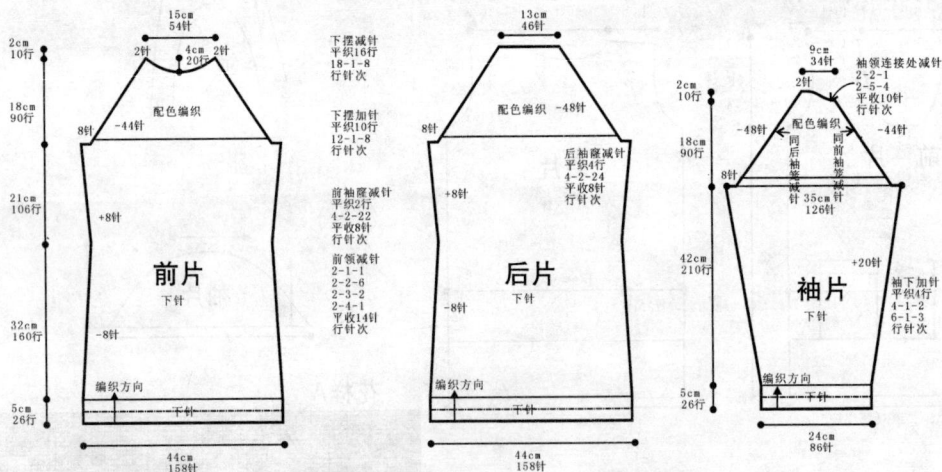

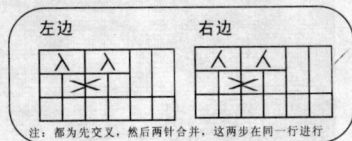

小燕子收针法

注：都为先交叉，然后两针合并，这两步在同一行进行

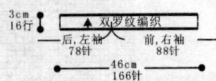

领（圈织）

【成品尺寸】胸围92cm　衣长70cm　袖长54cm

【工具】3.75mm棒针

【材料】黑色毛线400g　白色、深褐色毛线若干

【密度】10cm²：22针×30行

【制作方法】1．后片用黑线起106针织单罗纹底边，织18行后织平针，如图加减针。

2．前片方法同后片，换线颜色如图A、图B、图C所示。

3．袖子如图编织，按图示换线编织。

4．前、后片及袖片编织完成后，按相应部分缝合。

5．前、后领窝挑55针，圈织花样1cm收针即可。

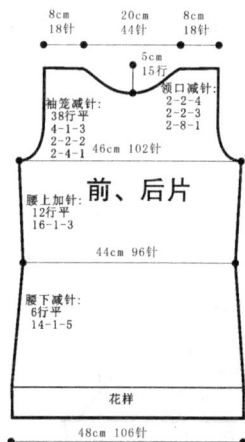

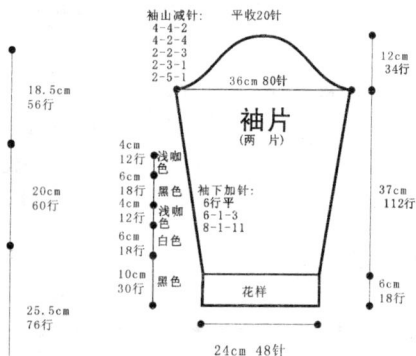

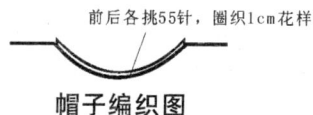

帽子编织图

花样

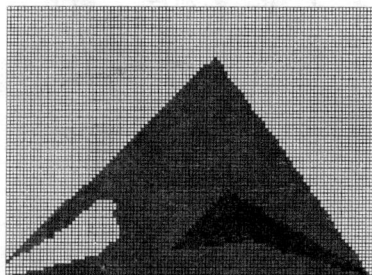

图A

图C

图B

毛毛中袖毛衣

【成品尺寸】胸围86cm 肩袖长61cm 衣长50cm 领围70cm

【工具】7号棒针

【材料】米色线300g 黑色线300g

【密度】10cm²：10针×16行

【制作方法】身片单罗纹以上、袖片双罗纹以上都为米色线和黑色线两股并一股编织，前15行黑色线长毛往内侧编织，后15行黑色线长毛住外侧编织。

1.前片：单罗纹针起针法起42针，单罗纹编织2行后，下针编织29cm；按前袖窿减针和前领减针织出前袖窿和前领。

2.后片：类似于前片，不同为前袖窿见后袖窿减针，织12cm后不用开领直接收针。

3.袖片：双罗纹起针法起24针，双罗纹针编织10cm；按袖下加针下针编织28cm；按前袖窿减针和后袖窿减针织出袖山，袖与领结合处见领袖连接处减针，用相同方法织出另一片。

4.整理：前片和后片肩部、腋下缝合；袖片袖下缝合；身片袖窿与袖山缝合。

5.挑领：前领、后领、袖片共挑72针，双罗纹针编织3cm后双罗纹针收针。

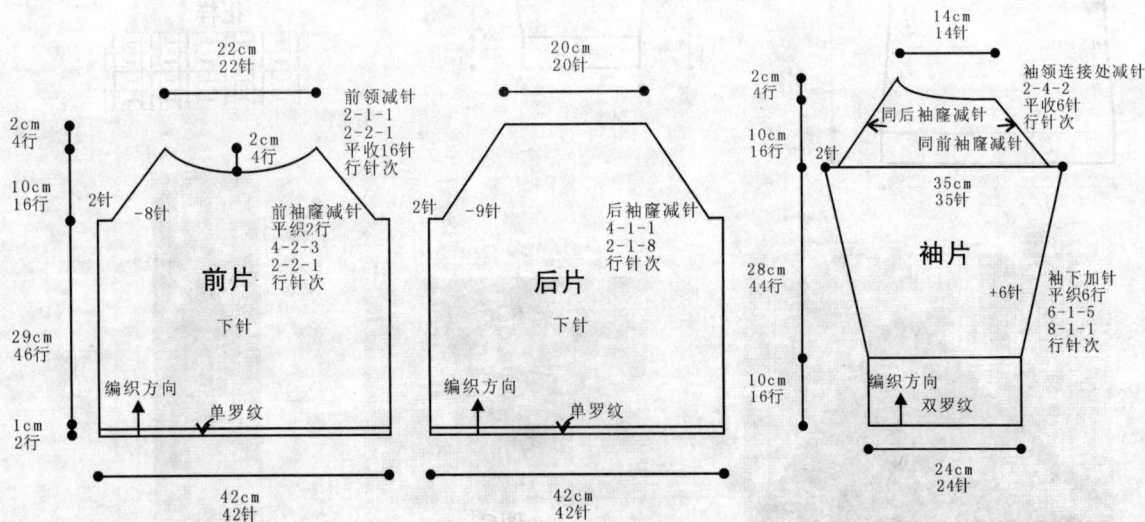

前片

22cm / 22针

2cm / 4行

前领减针
2-1-1
2-2-1
平收16针
行针次

10cm / 16行

2针

2cm / 4行

-8针

前袖窿减针
平织2行
4-2-3
2-2-1
行针次

前片
下针

29cm / 46行

1cm / 2行

编织方向 单罗纹

42cm / 42针

后片

20cm / 20针

2针 -9针

后袖窿减针
4-1-1
2-1-8
行针次

后片
下针

编织方向 单罗纹

42cm / 42针

袖片

14cm / 14针

2cm / 4行

袖领连接处减针
2-4-2
平收6针
行针次

10cm / 16行

2针

同后袖窿减针
同前袖窿减针

35cm / 35针

28cm / 44行

袖片

袖下加针6行
6-1-5
8-1-1
行针次

+6针

10cm / 16行

编织方向 双罗纹

24cm / 24针

双罗纹（米色）

							6
—	—			—	—	
							1
8	7	6	5	4	3	2	1

单罗纹（米色）

							6
—		—		—		—	
							1
8	7	6	5	4	3	2	1

【成品尺寸】胸围84cm　肩袖长71cm　衣长60cm

【工具】4号棒针

【材料】褐色长毛线900g

【密度】$10cm^2$：30针×40行

【制作方法】1.前片：双罗纹起126针，双罗纹针织10cm；按腋下加针下针织28cm；按前领减针、肩斜减针织出前片。

2.后片：类似于前片，不同为后片开领时后领减针。

3.整理：前后片、肩部、腋下缝合。

4.袖口：挑45针圈织，双罗纹针编织3cm，织完一只后织另一只。

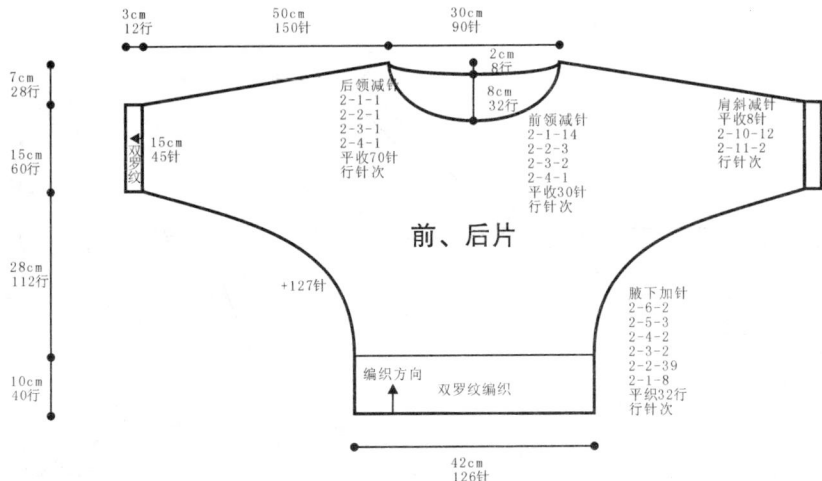

前、后片

3cm 12行　50cm 150针　30cm 90针

2cm 8行

7cm 28行

后领减针
2-1-1
2-2-1
2-3-1
2-4-1
平收70针
行针次

8cm 32行

前领减针
2-1-14
2-2-3
2-3-2
2-4-1
平收30针
行针次

肩斜减针
平收8针
2-10-12
2-11-2
行针次

15cm 60行

15cm 45针
双罗纹

28cm 112行

+127针

10cm 40行

编织方向
双罗纹编织

腋下加针
2-6-2
2-5-3
2-4-2
2-3-2
2-2-39
2-1-8
平织32行
行针次

42cm 126针

双罗纹

							6
—	—			—	—	
							1
8	7	6	5	4	3	2	1

宽松中袖蝙蝠装

【成品尺寸】披肩长55cm

【工具】13号棒针

【材料】深灰色羊毛绒线

【密度】$10cm^2$：30针×40行

【附件】装饰带1条　装饰扣6枚　拉链1条

【制作方法】1.后片：起321针，织下针4cm长，合成2cm双层边，按编织图示织下针，并按每织4行减1针，减45次，后按每织2行减1针，减5次，再织1行减1针，减3次，共减53针。袖子以同样的方式减53针。

2.前片起180针，织下针4cm，合成2cm双层边，按编织图示织下针，并按每织4行减1针，减45次，后按每织2行减1针，减5次，再织1行减1针，减3次，共减53针。

3.衣襟部分20针织单罗纹针42cm，平收单罗纹针部分，按编织图示减针成领口。

4.从肩部缝合前、后片，从前领口处开始挑针，挑190针织单罗纹针10cm后，收针成领；单独起10针织单罗纹针12cm，成肩部装饰带，将装饰带加扣子并在肩部缝合，在衣襟内侧缝上拉链，衣襟部分用2枚装饰扣钉在披肩前片，剩余装饰扣钉在适合位置上；在腰间钉上装饰带。

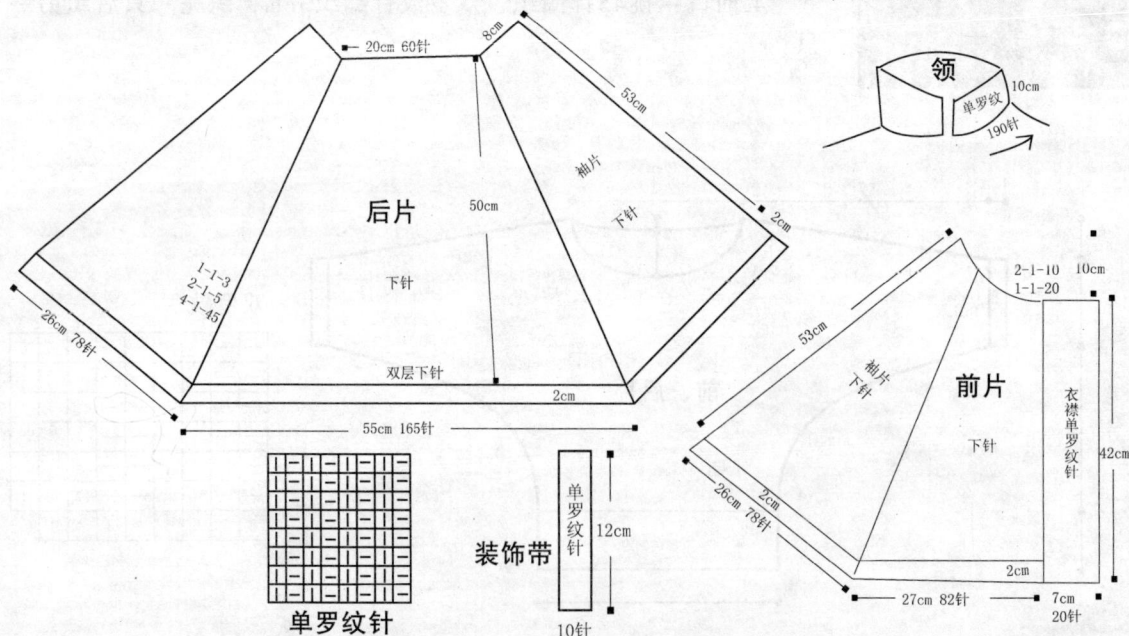

后片

20cm 60针
8cm
53cm
袖片 下针
50cm
2cm
下针
1-1-3
2-1-5
4-1-45
26cm 78针
双层下针
2cm
55cm 165针

领
10cm
单罗纹
190针

单罗纹针

装饰带
单罗纹针
12cm
10针

前片
2-1-10　10cm
1-1-20
袖片 下针
53cm
下针
衣襟单罗纹针
42cm
26cm 78针
2cm
2cm
27cm 82针
7cm 20针

206

【成品尺寸】胸围84cm 衣长52cm

【工具】12号棒针 10号棒针

【材料】黑色粗毛线500g

【密度】10cm^2：22针×26行

【附件】纽扣10枚

【制作方法】1.单片用12号棒针前片起53针，后片起93针，编织单罗纹，织9cm后换10号棒针织衣身。左前片右边留13针织边(单罗纹)左侧按图解加针，右前片左边留13针织边(单罗纹)右侧按图解加针，再织17cm，分别按图解减针，衣片织完后缝合。

2.挑衣领，和门襟各停织的13针同时挑起，织单罗纹9cm。

3.缝合，将纽扣钉在合适位置上。

衣片上部分减针
2-1-19
4-1-5
平收6针
行-针-次
衣片下部分加针
2-1-11
4-1-5
行-针-次

斜肩减针
2-6-2
2-5-2
行-针-次

前领减针
2行平
2-1-1
2-2-2
2-3-2
行-针-次
13针停织

后领减针
2-2-2
行-针-次
27针停织

11cm 24针　10cm 22针　5cm 11针　6cm 13针　5cm 11针　10cm 22针　11cm 24针

11cm 24针　10cm 22针　16cm 35针　10cm 22针　11cm 24针

6cm 14行

4cm 10行

22cm 58行

2-1-19减
4-1-5减

花样

花样

花样 26cm 57针

左前片

花样 26cm 57针

右前片

后片

花样 58cm 127针

2-1-11加
4-1-5加

17cm 44行

18cm 40针

18cm 40针

2-1-11加
4-1-5加

2-1-19减
4-1-5减

2-1-19减
4-1-5减

2-1-11加
4-1-5加

38cm 84针

单罗纹

9cm 24行

单罗纹

单罗纹

18cm 40针　6cm 13针　18cm 40针

42cm 93针

9cm 24行

领口挑78针和门襟
左右各留的13针
共104针织单罗纹

花样

207

活力蝙蝠衫

【成品尺寸】披肩长67cm

【工具】4mm棒针

【材料】灰色羊毛绒线

【密度】10cm²：15针×20行

【附件】皮草数条

【制作方法】披肩分前、后两片织，从袖口开始，起24针，织10cm
长双罗纹针后，按前片的编织图和编织花样织，织花样60cm按图示
减针、放针成领口。后片织10cm双罗纹后全部织下针，同样织60cm
长后按后片领口编织图减针、放针成后片领口；前后片披肩下摆片挑
250针，按花样A编织至15cm长后，改织花样B43cm长，从肩部缝合
前、后片，并缝合罗纹针部分成为袖口；单独起10针织单罗纹针62cm
长按领编织图示放针、减针织成领及装饰带，将领缝合，在领及前片
镶入皮草装饰，完成。

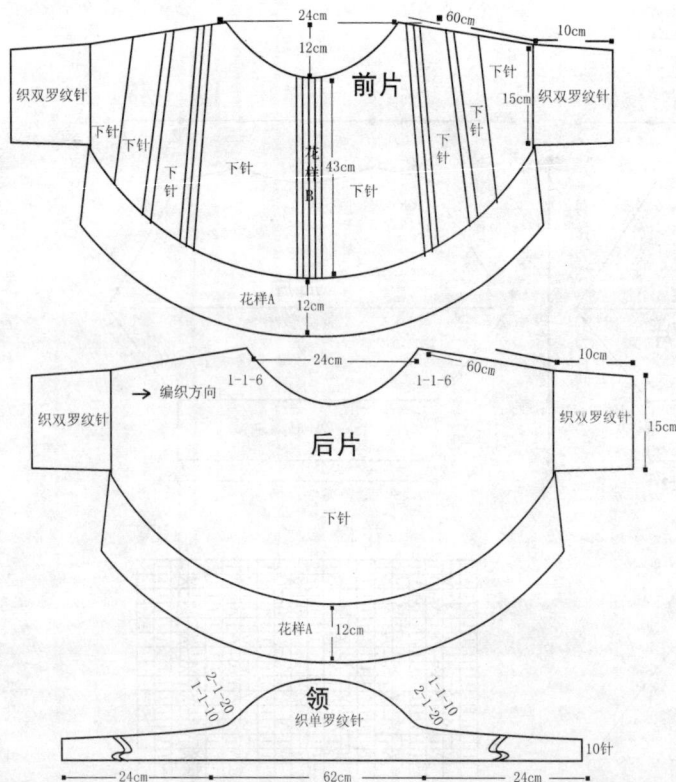

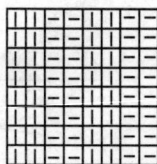

双罗纹针

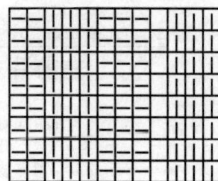

花样B

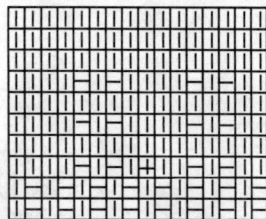

花样A

【成品尺寸】披肩长74cm

【工具】4mm棒针

【材料】黑色粗羊毛线

【密度】10cm²：15针×20行

【附件】带状皮草

【制作方法】披肩后片起33针，然后每织2行分别在两侧各加一针，加至58行后两侧每隔2行减1针，每侧减45针，至最后一针，收针。

2.前片起18针，在一侧每织2行加1针，共织40cm长，收针；编织两片。

3.将披肩前、后片AB处缝合后，再沿BCDA缝带状皮草作前片装饰，完成一边；同样缝合另一边。

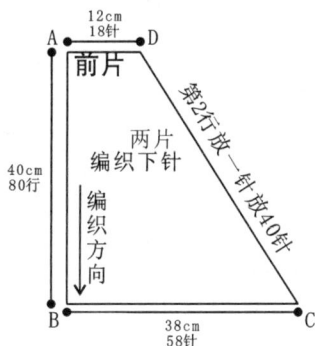

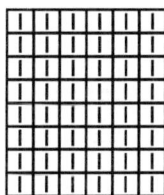

前片

A 12cm 18针 D

第2行放一针放40针

两片
编织下针

编织方向

40cm
80行

B 38cm 58针 C

下针

后片

A 22cm 33针

编织方向

后片
两片
编织下针

每2行放一针共放29针

40cm
每2行放一针共放29针

B 67cm

74cm

每2行减一针共减45针

每2行减一针共减45针

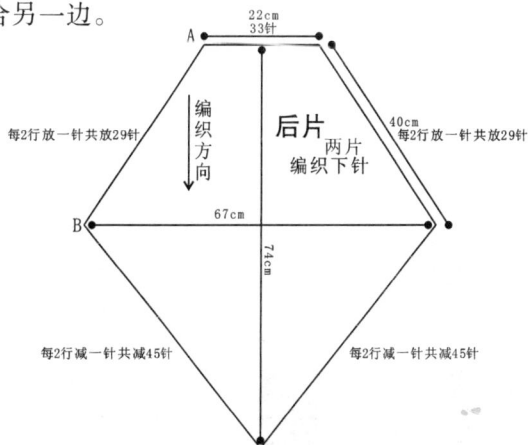

系扣中袖长装

【成品尺寸】衣长80cm　胸围96cm　肩宽38cm

【工具】4mm棒针

【材料】褐色中粗羊毛线

【密度】10cm²：15针×20行

【附件】纽扣7枚

【制作方法】1.后片起72针，编织10cm单罗纹针，改织花样，织52cm长减针成后片袖窿和后领口。

2.前片起41针，编织10cm单罗纹，改织花样，织52cm后按编织图示减针成前衣片袖窿和衣领口。

3.袖挑70针编织10cm长，收针。

4.领挑80针织单罗纹5cm长，收针，钉好纽扣完成。

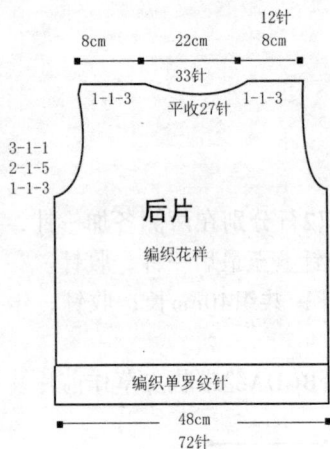

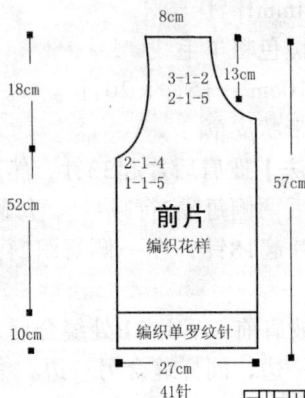

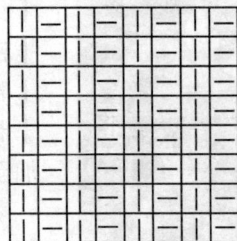

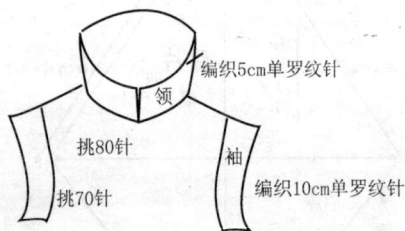

后片
编织花样
编织单罗纹针

8cm 22cm 12针 8cm
33针
1-1-3 平收27针 1-1-3
3-1-1
2-1-5
1-1-3

18cm
52cm
10cm

48cm
72针

前片
编织花样
编织单罗纹针

8cm
3-1-2 13cm
2-1-5
2-1-4
1-1-5

57cm

27cm
41针

单罗纹

花样

领
编织5cm单罗纹针
挑80针 袖
挑70针 编织10cm单罗纹针

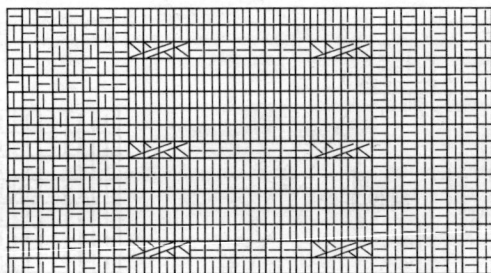

【成品尺寸】胸围92cm　衣长76cm　袖长(含单侧肩宽)46cm

【工具】5mm棒针

【材料】咖啡色毛线800g

【密度】10cm² : 20针 × 28行

【附件】纽扣7枚

【制作方法】1.后片：起92针，先编织8cm双罗纹针后改织反针，30cm后织双罗纹针8cm，然后再织10cm后收袖窿。

　2.前片：起46针用与后片相同的方法编织，在适合的地方留出袋口，在离衣长10cm的地方收前领。编织两片。

　3.袖片：起64针先编织10cm双罗纹针，然后改织反针16cm后收袖山，编织两片。

　4.缝合：将前、后片与袖片进行缝合。

　5.衣领：挑起128针编织两行下行、两行上行4cm后，收针。

　6.门襟：挑起140针编织6cm双罗纹针。钉好纽扣，完成。

210

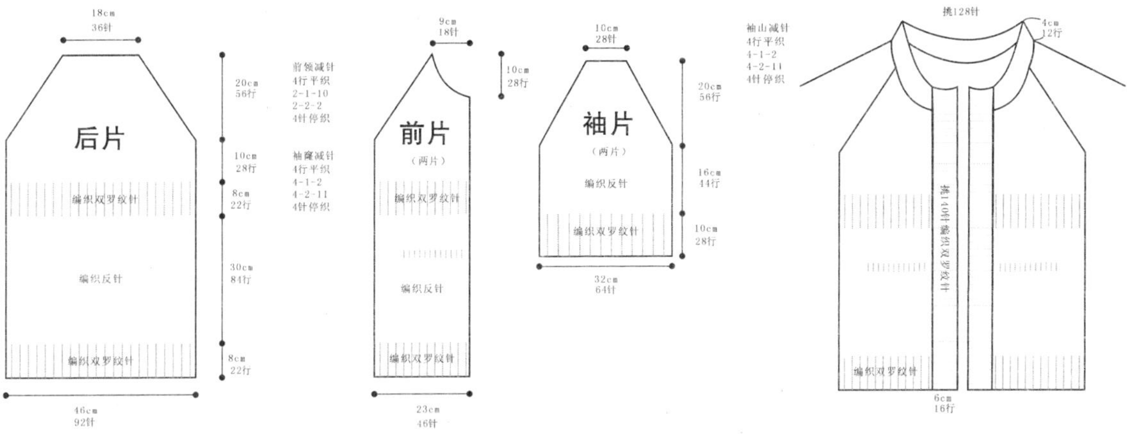

后片

18cm
36针

20cm
56行

前领减针
4行平织
2-1-10
2-2-2
4针停织

10cm
28行

袖窿减针
4行平织
4-1-2
4-2-11
4针停织

编织双罗纹针

8cm
22行

编织反针

30cm
84行

编织双罗纹针

8cm
22行

46cm
92针

前片
（两片）

9cm
18针

10cm
28行

编织双罗纹针

编织反针

编织双罗纹针

23cm
46针

袖片
（两片）

10cm
28针

20cm
56行

编织反针

16cm
44行

编织双罗纹针

10cm
28行

32cm
64针

袖山减针
4行平织
4-1-2
4-2-11
4针停织

挑128针

4cm
12针

挑140针编织双罗纹针

6cm
16行

【成品尺寸】衣长75cm　胸围96cm　肩宽38cm　袖长35cm

【工具】5mm棒针

【材料】褐色粗羊毛线

【密度】10cm^2：11针×18行

【制作方法】1.后片：起53cm，衣脚织8cm长的单罗纹针，然后织花样，长49cm后按衣后片编织图减针成后片袖窿和领口。

2.前片：起25针，先织8cm长的单罗纹针，然后织花样，并按编织图示减针成衣前片的袖窿及领口。

3.袖片：起28针，织5cm长的单罗纹针，然后织花样，按袖片编织图示减针成袖山。

4.缝合：将前、后片和袖片进行缝合，顺前片衣襟挑70针，织单罗纹3cm，收针成衣襟，再从前领口处开始挑70针按编织图织领子，领宽10cm，收针，完成。

领

领

衣襟

织单罗纹针针10cm

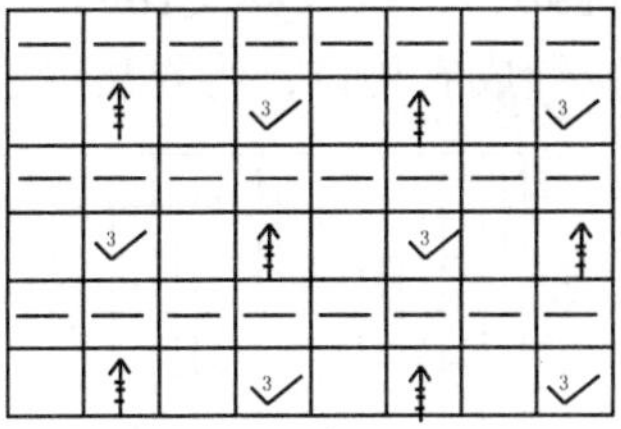

花样　↘ = 放3针
↑ = 3针并1针

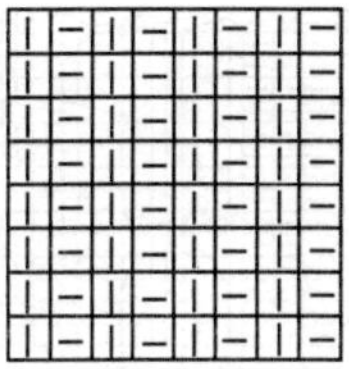

单罗纹针

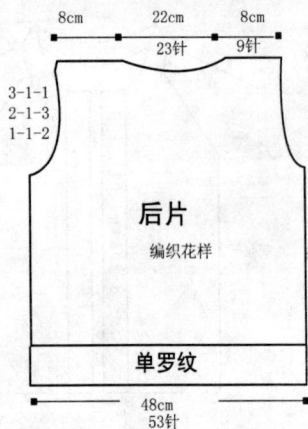

8cm　22cm　8cm
23针　9针

3-1-1
2-1-3
1-1-2

18cm

49cm

后片
编织花样

单罗纹

8cm

48cm
53针

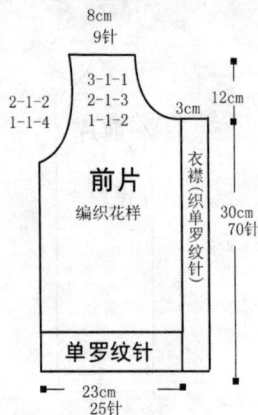

8cm
9针

3-1-1
2-1-3
1-1-2

2-1-2
2-1-3
1-1-4

3cm

12cm

前片
编织花样

衣襟(织单罗纹针)

30cm
70针

单罗纹针

23针
25针

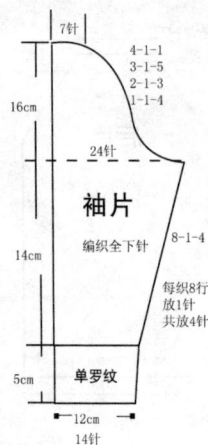

7针

4-1-1
3-1-5
2-1-3
1-1-4

16cm

24针

14cm

袖片
编织全下针

8-1-4

每织8行
放1针
共放4针

5cm

单罗纹

12cm
14针

恬静休闲长袖装

花样B

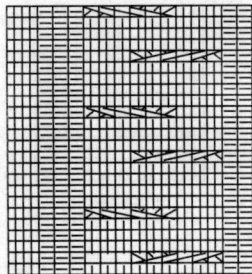

【成品尺寸】衣长55cm　胸围98cm　肩宽38cm　袖长60cm

【工具】13号棒针

【材料】深灰色羊毛绒线

【密度】10cm²：30针×40行

【附件】皮革数小块　拉链1条

【制作方法】1.衣片起144针，织10cm双罗纹针后，按花样A织27cm长后按编织图示减针成后衣片袖窿及后领口。

　　2.前片起75针，织10cm双罗纹针，按花样B织27cm长后按编织图示减针成前片袖窿及领口。

　　3.袖子起78针，织10cm长双罗纹针后，按花样B织，平织56行后，袖两侧每织10行放1针共放18针；织44cm长后按编织图减针成袖山。

　　4.缝合：将前、后片及袖片进行缝合，并缝上皮草及拉链。在领口处挑90针，织双罗纹10cm长，收针；起36针织20cm长按衣袋编织图示减针成衣袋口，将衣袋缝合，完成。

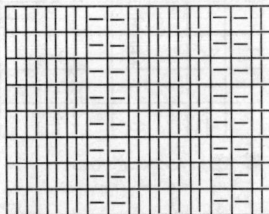

花样A

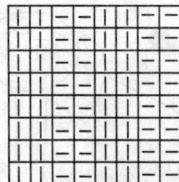

双罗纹针

后片 花样A 双罗纹针
- 8cm / 22cm / 8cm
- 24针
- 1-1-6 / 1-1-6 留36针
- 2-1-4 / 1-1-5
- 18cm
- 27cm 108行
- 10cm
- 48cm 144针

前片 花样B 双罗纹针
- 8cm
- 10cm
- 2-1-3 / 1-1-6
- 2-1-15 / 1-1-4
- 45cm
- 25cm 75针

袖片 花样B 双罗纹
- 17针
- 2-1-5 / 3-1-10 / 2-1-8 / 1-1-8
- 16cm
- 34cm
- 10-1-9 平织56行
- 10cm
- 26cm 78针

衣袋 下针
- 6cm
- 1-1-5 / 3-1-5 / 3-1-3
- 20cm
- 12cm 36针

领 双罗纹 挑90针 10cm

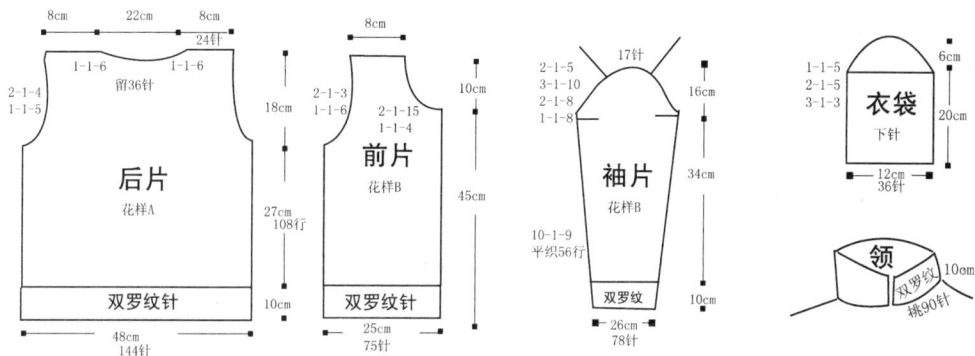

【成品尺寸】胸围92cm　肩宽37cm　衣长55cm　袖长58cm

【工具】3mm棒针

【材料】米色棉线600g

【密度】10cm² : 24针×30行

【附件】拉链1条　皮质搭扣1副　皮草若干

【制作方法】1.后片：起110针，编织双罗纹针37cm后如图所示分袖窿，在离衣长3cm处收后领。

2.前片：起56针，和后片一样进行编织，在离衣长8cm处如图所示收前领。编织两片。

3.袖片：起52针，编织双罗纹针如图所示进行加针，编织46cm后收袖山，编织两片。

4.将皮草如图样裁剪两片，备用。

5.缝合：将前、后片缝合，装好袖子，剪裁好的皮草缝合在前片，并缝好搭扣。

6.领：挑起96针，编织双罗纹针10cm。

7.门襟：先用缝纫机缝好拉链，再编织一条宽8针、长49cm的长条缝在左侧门襟上，盖住拉链。

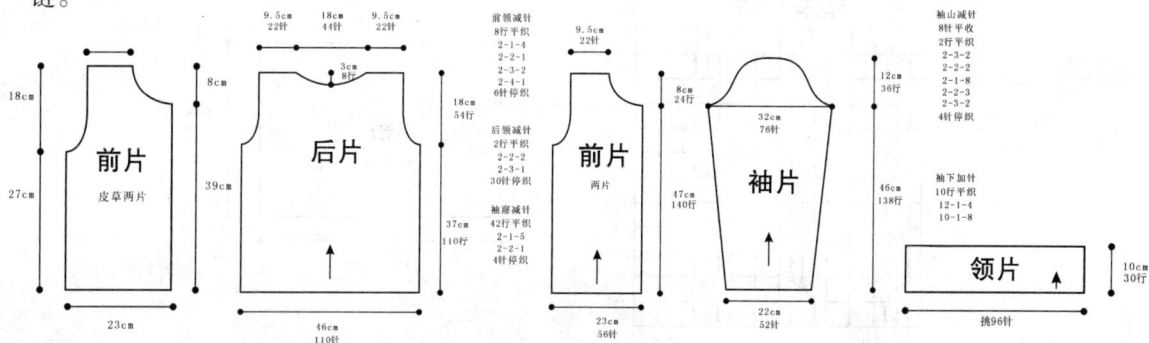

前片 皮草两片
- 18cm
- 27cm
- 23cm

后片
- 9.5cm 22针 / 18cm 44针 / 9.5cm 22针
- 3cm 8行
- 8cm
- 39cm
- 37cm 110行
- 46cm 110针

前领减针
- 8行平织
- 2-1-4
- 2-2-1
- 2-3-2
- 2-4-1
- 6针停织

后领减针
- 2行平织
- 2-2-2
- 2-3-1
- 30行停织

袖窿减针
- 42行平织
- 2-1-5
- 2-2-1

前片 两片
- 9.5cm 22针
- 18cm 54行
- 47cm 140行
- 23cm 56针

袖片
- 8cm 24行
- 32cm 76针
- 12cm 36行
- 46cm 138行
- 22cm 52针

袖山减针
- 8行平收
- 2行平织
- 2-3-2
- 2-2-2
- 2-2-2
- 2-2-3
- 2-3-2
- 4针停织

袖下加针
- 10行平织
- 12-1-4
- 10-1-8

领片 挑96针
- 10cm 30行

简约系扣长袖装

【成品尺寸】胸围92cm 肩宽37cm 衣长52cm 袖长56cm

【工具】3mm棒针

【材料】细毛线600g

【密度】$10cm^2$：26针×32行

【附件】纽扣8枚

【制作方法】1.后片：起120针，编织双罗纹针8cm，然后改织花样，26cm后收袖窿，在离衣长3cm处收后领。

2.前片：起68针，编织双罗纹针8cm后改织花样，26cm后收袖窿，12cm处收前领，编织两片。

3.袖片：起58针，编织双罗纹针8cm后改织花样并如图示进行加针，36cm后收袖山，编织两片(其中一片注意留纽洞)。

4.领片：起130针，编织花样35cm。

5.缝合：先把前、后片与袖片缝合，然后缝领子，最后在门襟上缝好纽扣。

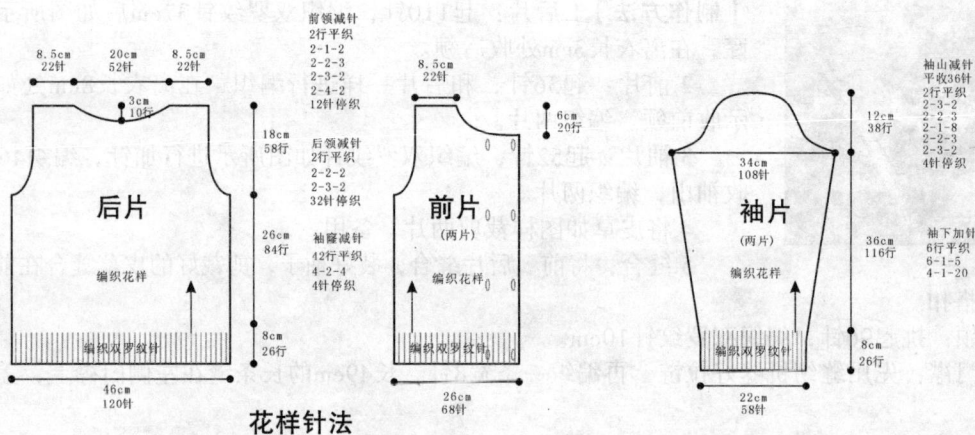

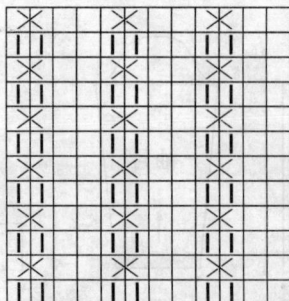

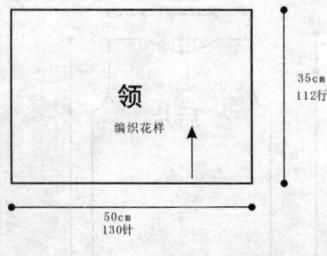

后片

8.5cm 22针　20cm 52针　8.5cm 22针

3cm 10行

18cm 58行

26cm 84行

8cm 26行

编织花样

编织双罗纹针

46cm 120针

后领减针
2行平织
2-2-2
2-3-2
32针停织

袖窿减针
42行平织
4-2-4
4针停织

前片（两片）

8.5cm 22针

6cm 20行

编织花样

编织双罗纹针

26cm 68针

前领减针
2行平织
2-1-2
2-2-3
2-3-2
2-4-2
12针停织

袖片（两片）

34cm 108针

12cm 38行

36cm 116行

8cm 26行

编织花样

编织双罗纹针

22cm 58针

袖山减针
平织36针
2行平织
2-3-2
2-1-8
2-2-3
2-3-2
4针停织

袖下加针
6行平织
6-1-5
4-1-20

花样针法

领

35cm 112行

编织花样

50cm 130针

214

【成品尺寸】衣长70cm　胸围96cm　肩宽38cm　袖长60cm

【工具】4.5mm棒针

【材料】褐色粗羊毛线

【密度】10cm²：15针×18行

【制作方法】1.后片起72针织双罗纹针12cm长后，改用下针编织，织40cm长按后片编织图减针成袖窿，织58cm长按编织图减针成后领口，衣长70cm。

　　2.前片起73针双罗纹编织12cm，改织花样，织47cm长按前片编织图减针成桃形领，织42cm长按编织图减针成袖窿。

　　3.袖口起44针，织双罗纹长12cm，改织下针，织44cm长，按编织图减针成袖山。

4.缝合衣前、后片及袖子，在衣领口处挑80针，按帽子编织图织帽子，再顺领口及帽沿挑130针编3cm宽双罗纹针，收针；单独按衣袋编织图织衣袋，缝合，完成。

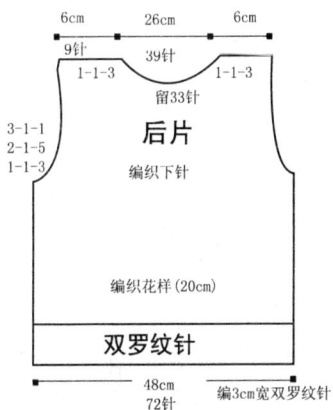

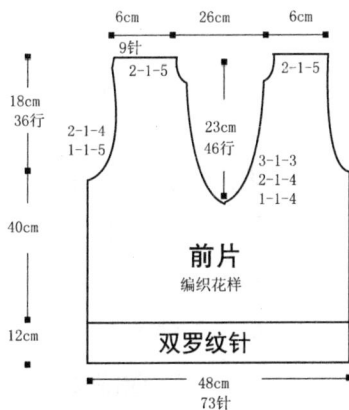

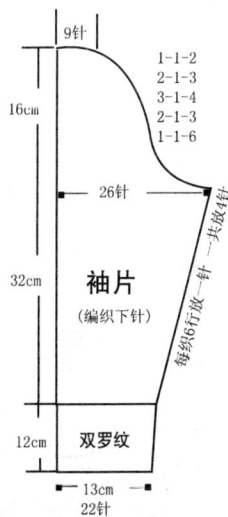

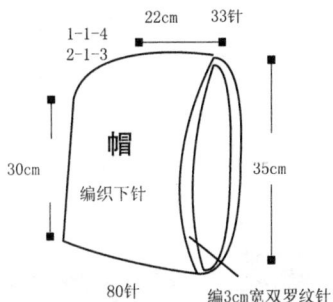

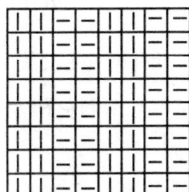

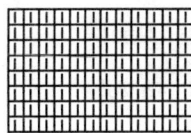

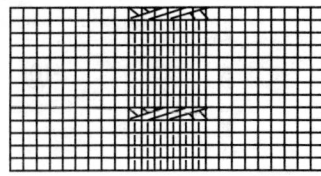

6cm　26cm　6cm
9针　39针
1-1-3　1-1-3
留33针
3-1-1
2-1-5
1-1-3
后片
编织下针
编织花样(20cm)
双罗纹针
48cm
72针
编织3cm宽双罗纹针

6cm　26cm　6cm
9针
2-1-5　2-1-5
2-1-4　23cm　3-1-3
1-1-5　46行　2-1-4
1-1-4
前片
编织花样
双罗纹针
48cm
73针

18cm
36行
40cm
12cm

9针
1-1-2
2-1-3
3-1-4
2-1-3
1-1-6
16cm
26针
32cm
袖片
(编织下针)
每织6行放一针一共放4针
12cm　双罗纹
13cm
22针

1-1-4
2-1-3
22cm　33针
帽
编织下针
30cm　35cm
80针
编织3cm宽双罗纹针

双罗纹针

下针

花样

215

编织符号说明

符号	名称		符号	名称		符号	名称		符号	名称

- 上针
- 下针
- 空针
- 拉针
- 长针
- 扣眼
- 滑针
- 锁针
- 浮针
- 短针
- 扭针
- 挑针
- 辫子针
- 穿左针
- 延伸针
- 中长线
- 扭上针
- 上拉针
- 狗牙针
- 4行吊针

- 1针加3针
- 3针并1针
- 1针放2针
- 2针并1针
- 1针放2针
- 上针吊针
- 编织方向
- 空针浮针
- 右侧加针
- 左侧加针
- 延伸上针
- 上针拨收
- 5针并1针 1针放5针
- 减1针加1针
- 平加出3针
- 7针平收针
- 右上2针交叉
- 卷3圈的卷针
- 右上4针交叉

- 右上3针交叉
- 左上3针交叉
- 左上6针交叉
- 左上1针交叉
- 右上1针交叉
- 左上2针并1针
- 右上2针并1针
- 3针2行节编织
- 右上3针并1针
- 中上3针并1针
- 长针1针放2针
- 长针2针并1针
- 1针里加出5针
- 长针3针枣形针
- 1针放3针的加针
- 1针放5针的加针
- 上针左上2针并1针
- 长针1针中心交叉
- 右上2针和左下1针交叉

- 右上1针和左下2针交叉
- 左上1针和右下2针交叉
- 右上5针和左下5针交叉
- 右上3针和左下3针交叉
- 1针扭针和1针上针右上交叉
- 1针扭针和1针上针左上交叉
- 右上3针中间1针交叉
- 1针下针中间左上2针交叉
- 2针下针和1针上针左上交叉
- 2针下针和1针上针右上交叉
- 绕双线织下针，并把线套绕到正面

216